LES

EAUX THERMALES SULFUREUSES

DE

SAINT-SAUVEUR

ET DE

HONTALADE

Par le Docteur AUTELLET

MÉDECIN DES ÉPIDÉMIES DE L'ARRONDISSEMENT DE CIVRAY ET DES PRISONS

Médecin ordinaire de la Compagnie du chemin de fer d'Orléans ;
Membre du Conseil d'hygiène et de salubrité ;
Membre de la Société de médecine de Poitiers et de la Société académique d'agriculture,
belles-lettres, sciences et arts de Poitiers ;
Lauréat de l'Académie impériale de médecine ;
Médecin consultant aux eaux thermales sulfureuses de Saint-Sauveur ;

CHEVALIER DE LA LÉGION-D'HONNEUR.

TARBES	PARIS
J.-M. DUFOUR, Libraire-Éditeur,	ADRIEN DELAHAYE, Libraire-Éditeur
Rue Massey.	Place de l'École-de-Médecine.

1869

LES

EAUX THERMALES SULFUREUSES

DE

SAINT-SAUVEUR

ET DE

HONTALADE

Poitiers. — Typographie de A. DUPRE.

LES

EAUX THERMALES SULFUREUSES

DE

SAINT-SAUVEUR

ET DE

CHONTALADE

Par le Docteur AUTELLET

MÉDECIN DES ÉPIDÉMIES DE L'ARRONDISSEMENT DE CIVRAY ET DES PRISONS

Médecin ordinaire de la Compagnie du chemin de fer d'Orléans ;
Membre du Conseil d'hygiène et de salubrité ;
Membre de la Société de médecine de Poitiers et de la Société académique d'agriculture,
belles-lettres, sciences et arts de Poitiers ;
Lauréat de l'Académie impériale de médecine ;
Médecin consultant aux eaux thermales sulfureuses de Saint-Sauveur ;

CHEVALIER DE LA LÉGION-D'HONNEUR.

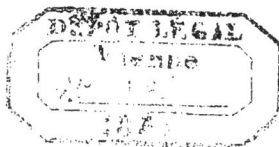

TARBES	PARIS
J.-M. DUFOUR, Libraire-Éditeur,	ADRIEN DELAHAYE, Libraire-Éditeur
Rue Massey.	Place de l'École-de-Médecine.

1869

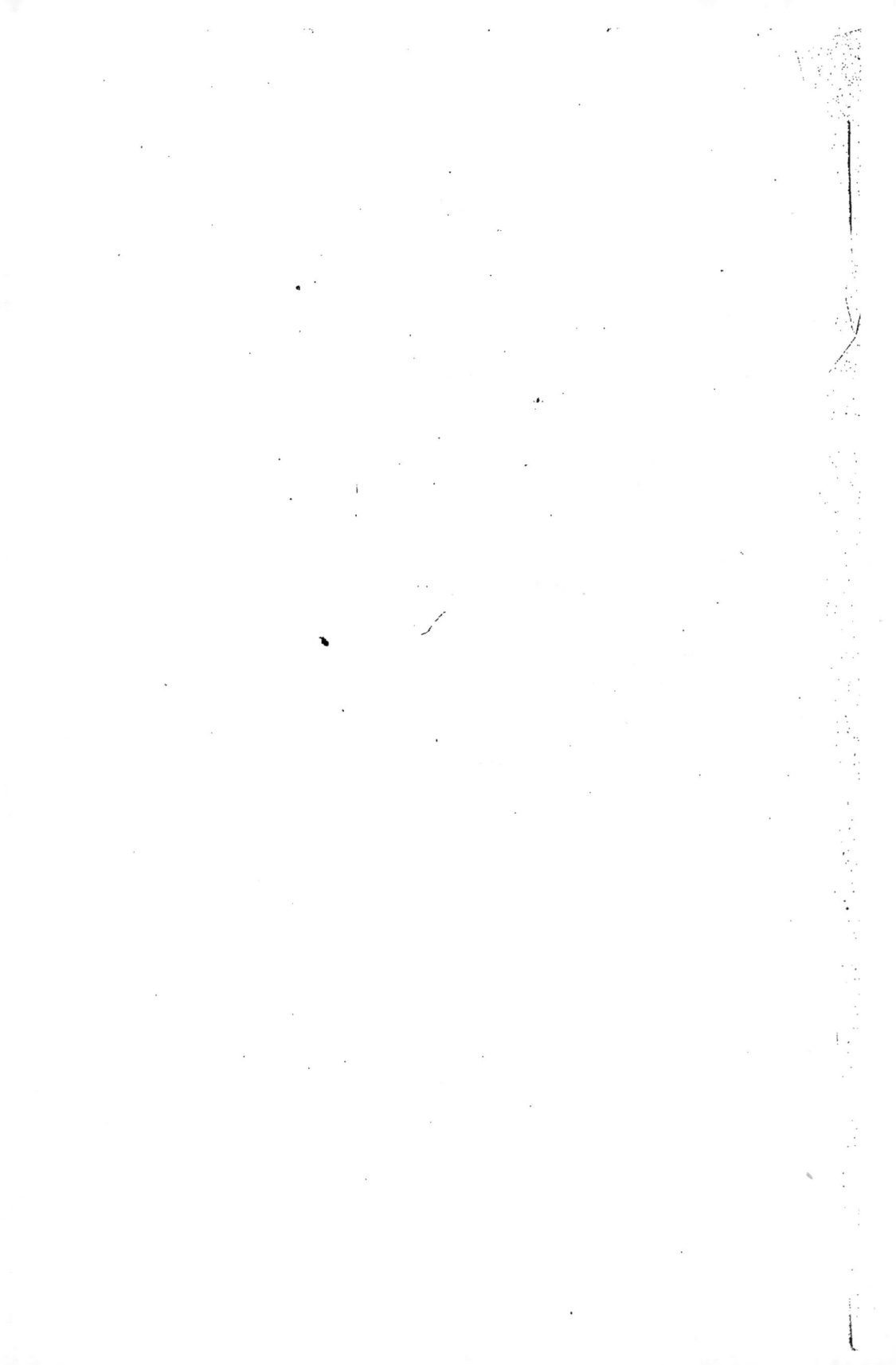

SAINT-SAUVEUR

SES EAUX THERMALES SULFUREUSES

PREMIÈRE PARTIE.

CHAPITRE PREMIER.

SAINT-SAUVEUR.

Saint-Sauveur, village des Hautes-Pyrénées, est situé dans l'arrondissement d'Argelès, canton et commune de Luz, à 50 kilomètres de Tarbes, 118 de Mont-de-Marsan, 266 de Bordeaux, et 844 de Paris.

La route impériale n° 21, qui conduit de Tarbes à Luz et à Saint-Sauveur et qui aboutit à Gavarnie, est, jusqu'à Argelès, très-accidentée. On n'a attaqué que les contreforts de la chaîne centrale des Pyrénées, et après une course d'une heure environ on découvre la belle vallée d'Argelès. Les montagnes, déjà très-élevées, se sont reculées ; la pente de leurs flancs s'est adoucie pour laisser à une nature gaie, riante, fertile, tous ses ébats.

1

Rien de beau, de grandiose, de sublime comme cette vallée d'Argelès, baignée dans toute sa longueur par le Gave, torrent encore tumultueux, qui n'a déjà plus besoin des roches primitives pour contenir ses eaux vagabondes ; de magnifiques prairies, bordées de superbes peupliers, suffisent pour le maintenir dans son lit sablonneux. Les sites les plus variés, les plus imposants charment le regard. Sur la rive droite du Gave, on aperçoit le vieux château de Beaucens, bâti sur une plate-forme inabordable et entourée de la plus vigoureuse végétation, qui étale avec fierté ses ruines féodales.

De nombreuses habitations éparses ou agglomérées près des églises, échelonnées sur le versant des montagnes, respirent toutes l'aisance, le calme et le bonheur. Abritées par les arbres séculaires qui leur servent de rideau, elles semblent convier l'étranger au foyer hospitalier.

Cette plaine bien cultivée rend avec usure les produits qui lui sont confiés : les céréales de toute sorte, les légumes les plus beaux, les fruits les plus succulents y poussent avec la plus grande vigueur.

Pierrefitte (1), bâti à 6 kilomètres d'Argelès, se trouve adossé au contrefort de la montagne, au point de bifurcation des routes de Cauterets et de Baréges.

En quittant Pierrefitte, et après avoir traversé un pont très-hardi sur le Gave, on pénètre dans l'étroite

(1) Pierrefitte possède un très-bel hôtel, où les voyageurs sont certains de trouver bonne mine d'hôte, bonne table et appartements confortables.

gorge où roule le torrent et où la route de Baréges s'est frayée un passage en attaquant les rochers les plus durs.

En contemplant ce gigantesque travail et en réfléchissant aux difficultés insurmontables qu'on a rencontrées, on se demande comment l'homme a été assez audacieux pour affronter de tels obstacles.

Il y a peu d'années encore, le voyageur qui, pour les besoins de sa santé, était obligé de se rendre soit à Cauterets, soit à Baréges ou à Saint-Sauveur, devait suivre un sentier bordant toujours le Gave; ou, profitant des inégalités des flancs des montagnes, gravissait les pentes les plus rapides et traversait le torrent sur des ponts tellement hardis et légers, que la vue seule donnait le vertige.

Ces sentiers, impraticables pour les voitures, ne donnaient accès qu'aux piétons et aux bêtes de somme; et encore fallait-il, pour tenter le voyage, avoir de ces bêtes sûres et dociles du pays, qui, sans la moindre hésitation, abordaient des terrains inaccessibles.

Depuis la visite de l'Empereur à Saint-Sauveur, les ingénieurs, sur ses conseils, se sont mis à l'œuvre. Ils ont creusé une voie large quoique rapide, tout en assurant aux voyageurs, aux chevaux et aux voitures la plus complète sécurité.

Du pont de Pierrefitte au pont de la reine Hortense, la route présente les contrastes les plus saisissants : la roche schisteuse a été déchirée dans une certaine profondeur pour donner accès à la voie thermale, en de certains endroits la surplombant d'une élévation de plusieurs centaines de mètres ; ici on est en présence de la plus luxuriante végétation ; là c'est la nature dans toute son horrible nudité. Ce qui concourt encore à assombrir le tableau, c'est le Gave qui, souvent à une profondeur incommensurable, roule avec un bruit épouvantable ses eaux bouillonnantes. Le précipice est toujours béant, le fond n'est pas toujours appréciable.

Le pont d'Enfer, lancé au-dessus de l'abîme, masqué par une belle végétation et donnant accès à l'ancien chemin thermal, est au-dessous de la route et à moitié chemin à peu près de Pierrefitte à Saint-Sauveur.

On atteint ensuite le pont de la Reine, surmonté à sa partie centrale d'un obélisque, élevé à la reine Hortense par la vallée de Baréges.

L'horizon s'élargit, les flancs des montagnes s'effacent un peu, la vue peut alors contempler la riante et plantureuse vallée de Luz, que fécondent les eaux claires et opalines du Gave.

A l'extrémité méridionale et à l'angle occidental de la vallée triangulaire de Luz est situé Saint-Sauveur.

Bâti dans un des vastes flancs de la montagne de l'Aze, sur la rive gauche du Gave et de la gorge de Gavarnie, à 750 mètres au-dessus du niveau de la mer, il est incrusté dans le rocher et paraît suspendu au-dessus du précipice où le Gave coule avec fracas. Ce village repose au milieu d'un bosquet de la plus riche verdure ; il y semble installé pour y jouir à son aise du calme de la solitude et de la quiétude la plus complète.

Saint-Sauveur est placé à égale distance du pont de Luz et du pont Napoléon. Il se compose d'une belle et large rue tortueuse, suivant les ondulations de la

montagne à laquelle il est adossé, et regarde le soleil
levant. Les inégalités de cette branche de la chaîne
pyrénéenne lui ont fait un abri naturel et puissant
contre les vents du nord et de l'ouest.

Les maisons qui bordent l'unique rue, classée comme
route impériale de Tarbes en Espagne, sont toutes
très-belles, d'une architecture simple et en même
temps sévère. Construites en marbre gris du pays,
portant toutes plusieurs étages (jusqu'à trois), et ornées
pour la plupart de superbes balcons donnant sur la rue
ou sur le Gave, elles ont cet air d'aisance, de calme et
de confortable qu'on ne rencontre que dans certaines
stations privilégiées des Pyrénées.

La station thermale de Saint-Sauveur occupe une
position unique et exceptionnelle. Bâtie dans le rocher, suspendue au-dessus d'un précipice, entourée de
la végétation la plus luxuriante, elle doit à ces rares
conditions hygiéniques le calme, la santé, la vie.

L'air vif et pur qu'on y respire est léger, tonique et
fortifiant. Le séjour dans cette oasis pyrénéenne suffi-
rait seul pour rétablir l'équilibre dans les constitutions
ébranlées.

Les habitations de Saint-Sauveur sont vastes, commodes, agréables et salubres. Celles construites du
côté du rocher ont été mises à l'abri des suintements
de l'eau, qui, à chaque pas, jaillit de la masse granitique ; des cours suffisantes ont été ménagées sur les
derrières pour faciliter l'aération.

Celles édifiées entre la route et le Gave, sur le pen-
chant du coteau, jouissent d'un point de vue magni-

fique et sont aussi pourvues de tous les accessoires nécessaires à un confortable bien compris.

L'établissement thermal, propriété de la vallée de Baréges, occupe le milieu du village. Au-devant de l'entrée on a ménagé une place, constamment garnie pendant la saison des bains, le matin, par les marchands de légumes, volailles, lait, beurre, etc., etc., le reste du jour par différents industriels offrant au public les objets de fantaisie les plus variés et du meilleur goût. L'Espagne y est toujours représentée par l'exhibition d'articles de toilette les plus coquets.

La promenade Eugénie, qui n'est séparée de l'établissement que d'une centaine de mètres, est un endroit ravissant où l'art, s'aidant des accidents naturels du terrain et des nombreux filets d'eau qui se précipitent de la cime des montagnes environnantes, a su créer un adorable labyrinthe bien planté et admirablement ombragé par une multitude de vieux et.beaux tilleuls.

Dans l'après-midi c'est le rendez-vous de la belle et bonne société de Saint-Sauveur, où elle vient s'abriter contre les ardeurs du soleil et jouir de ce calme profond qui convient surtout à tout traitement thermal.

Les enfants jouissent avec bonheur de cette liberté de mouvement si nécessaire et si chère au jeune âge. L'établissement d'un gymnase compléterait le système balnéaire, en permettant dans de justes limites le jeu de certains organes légèrement affectés.

La promenade Eugénie est semée de gazons fins et verts, entretenus par d'ingénieuses et fréquentes im-

.mersions, entrecoupés et isolés par de larges et belles allées bien sablées. L'une de ces allées conduit à la chapelle que l'Empereur, lors de son séjour à Saint-Sauveur, a fait construire à ses frais.

C'est un édifice gracieux et sévère, construit en pierre du pays dont la couleur blanche contraste avec les teintes plus tranchées des arbres et des rochers, qui ne possède qu'un portail et une nef. La flèche, également en pierre de taille, qui surmonte le portail, est d'un bel effet ; et, en considérant cette coquette chapelle, on éprouve un regret légitime qu'elle n'ait pas été dotée de bas côtés. Telle qu'elle est, elle ne peut suffire aux besoins de la population qui pendant trois mois se trouve à Saint-Sauveur.

L'office divin y est célébré tous les jours, et le dimanche, on peut entendre soit une messe basse ou une grand'messe.

Le parc de Saint-Sauveur communique avec l'esplanade de la chapelle ; il est vaste et composé de prairies fraîches et accidentées, présentant plusieurs monticules dont le plus saillant occupe le centre et supporte une colonne commémorative du passage de la duchesse de Berry. Ces prairies, sillonnées par de nombreux filets d'eau qui leur donnent la fraîcheur et la vie, sont coupées par un grand nombre d'allées sinueuses dont les contours sont encadrés par la verdure la plus pure. Une de ces allées, par une pente assez raide, conduit à un vieux pont en bois jeté sur le Gave dont il relie les deux rives.

A cinq cents mètres de Saint-Sauveur, et en suivant

la route de Gavarnie, on arrive au pont Napoléon, que l'Empereur, en 1859, a légué comme souvenir aux générations présentes et futures.

Ce pont, audacieusement lancé par-dessus le précipice, appuyé sur les rochers à pic qui bordent le torrent, est d'une hardiesse effrayante. Son tablier est à 70 mètres au-dessus du thalweg. Il est composé d'une seule arche en plein cintre, de 42 mètres d'ouverture. Sa longueur entre les dés est de 66 mètres ; sa voie charretière a 4 m. 50 entre deux trottoirs en pierre de taille de 0 m. 85, placés en grande partie en encorbellement, et soutenus par des consoles aussi en pierre de taille ; une superbe balustrade en fonte, du poids de 24,000 kilogrammes, couronne le pont.

Il est impossible de se faire une idée de la hardiesse, de l'élégance, de la légèreté de ce pont, qui, vu de dessous, fait l'effet d'une fine dentelle.

En remontant le Gave et en suivant l'ancienne route de Luz à Gavarnie, le coup d'œil est vraiment magique : ce sont deux mondes reliés l'un à l'autre par un rayon de soleil.

A l'une des extrémités du pont, du côté de Gèdre, s'élève une colonne en marbre du pays, de 12 mètres d'élévation, surmontée d'un aigle colossal : c'est un hommage rendu à l'Empereur par la vallée reconnaissante.

A l'entrée du pont Napoléon on a ouvert un chemin qui, après plusieurs tours et détours, en ménageant des rampes assez douces, atteint le Gave, passe au pied du pont et conduit à une grotte délicieuse où coule sans cesse la fontaine du Chat-Huant. C'est un lieu de retraite des plus agréables, entouré d'une belle et riche verdure qu'arrose une eau limpide et claire que le Gave reçoit dans son lit bouillonnant.

Une promenade très-agréable et peu fatiguante à entreprendre est celle du contour de la vallée. En partant de Saint-Sauveur par le pont Napoléon, on revient par la rive droite du Gave au pont de Luz, et de là on remonte à Saint-Sauveur. Le trajet exige de trois quarts d'heure à une heure.

L'administration de la vallée a eu le soin de faire disposer de distance en distance, sur le parcours de toutes les promenades, d'élégants siéges qui permettent un moment de repos aux visiteurs dont les forces ne peuvent supporter un trajet de longue haleine.

Saint-Sauveur offre aux étrangers attirés par les vertus salutaires de ses eaux minérales tous les agréments matériels et les commodités nécessaires à une station thermale de premier ordre.

Trois hôtels vastes et confortables offrent aux visiteurs des logements propres, bien meublés et pourvus de tous les accessoires désirables. La table y est somptueusement et délicatement servie ; les mets les plus succulents et les plus recherchés sont présentés sous les formes les plus appétissantes. Le vin y est naturel et de bonne qualité.

L'hôtel de Paris, situé près de la chapelle et donnant sur la promenade Eugénie, est tenu par M. Sassissou. On trouve chez lui un hôte aimable, un bon gîte et une excellente table.

L'hôtel de France, plus rapproché de l'établissement thermal, a des appartements pour toutes les fortunes. La table d'hôte est l'objet des soins les plus empressés de M. Espy.

L'hôtel des Princes, dirigé par M. Salafa, est à l'extrémité septentrionale de Saint-Sauveur. Son exposition sur la vallée, où rien ne gêne la vue, ses frais logements et sa table d'hôte bien variée lui attirent chaque année bon nombre de visiteurs.

Indépendamment de ces vastes hôtels, les personnes qui veulent prendre des appartements en ville trouvent dans toutes les maisons de quoi satisfaire complétement leurs désirs. Propreté irréprochable, commodité, salubrité : toutes les règles d'une sage hygiène ont été observées dans la construction des habitations.

La station thermale possède une excellente pharmacie tenue par l'honorable M. Claverie, maire de Luz. Indépendamment des médicaments de premier choix, on est toujours assuré de rencontrer chez lui aménité parfaite, obligeance exquise et dévoûment absolu. M. Claverie, comme magistrat et comme pharmacien, s'est acquis l'estime et le respect de tous, indigènes et étrangers.

Saint-Sauveur offre aux étrangers tous les moyens désirables de locomotion : ânes dociles, chevaux de selle parfaitement dressés et voitures de toutes sortes, extrêmement commodes. Toutes les industries y sont très-bien représentées.

Saint-Sauveur n'est distant de Luz, son chef-lieu de commune et de canton, que de 1,600 mètres environ, et on comprend facilement que cette proximité permet à bon nombre de baigneurs d'y prendre gîte. Ceux qui veulent le bruit de la petite ville et les délasse-ments qu'elle peut procurer à ses hôtes vont s'installer dans les hôtels ou dans les maisons particulières, toutes organisées de manière à recevoir des locataires.

Luz, qui n'est éloigné de Baréges que de 6 kilomè-tres, est une étape obligée pour les voyageurs qui, de cette dernière localité, veulent visiter les curiosités de ce pays si pittoresque. Soit qu'on se rende à Saint-Sauveur, à Gavarnie ou à Cauterets, on est toujours obligé de traverser Luz, qui offre aux passants toutes les agaceries imaginables pour les retenir dans ses murs.

Luz possède deux superbes hôtels qui ne le cèdent en rien à ceux de Saint-Sauveur sous le rapport de l'élégance, de la commodité et du confortable : beaux et vastes appartements, table d'hôte succulente, déli-cate et variée.

Un service d'omnibus transporte à toute heure du jour les voyageurs à l'établissement thermal de Saint-Sauveur.

L'hôtel des Pyrénées, tenu par Mme veuve Cazeaux, et celui de l'Univers, dirigé par M. Payotte, se recom-mandent également par la bonne tenue et la propreté, et surtout par l'affabilité de leurs propriétaires.

Un bureau de poste et une station télégraphique sont établis dans ce chef-lieu de canton.

L'église de Luz est remarquable par son système particulier de fortifications. Son mur d'enceinte et ses tours carrées, crénelées et percées de meurtrières, lui donnent un cachet original. Son architecture, qui remonte au XIIIe siècle, a conservé quelques beaux spécimens de la hardiesse et de la délicatesse de sa sculpture.

Une de ses tours a été convertie en musée archéologique par les soins du digne pasteur de cette basilique romane. On y remarque quatre gros fusils de rempart, du XVIe siècle, sur leurs chandeliers tournants, puis des mors de bride, des étriers, des fers de lance, des lanternes à fanal, etc., etc.

En traversant le Bastan sur un pont moderne, on pénètre dans le petit village d'Esquièze, jadis protégé par le château fort de Sainte-Marie, bâti sur un mamelon à pic inabordable de tous côtés. Sa position et ses moyens de défense donnent une idée de la puissance déchue de cette ruine féodale.

Entre Luz et Saint-Sauveur, sur le mamelon de Saint-Pierre, s'élève une élégante chapelle que l'Empereur a fait construire, et à laquelle il a donné le nom de Solférino, en souvenir de la brillante victoire de la campagne d'Italie. En creusant le sol pour y établir les fondations, on a mis à découvert le tombeau de Pierre Lombez, dernier ermite de Saint-Pierre. Les restes mortels de l'ermite ont été transportés sur le bord du monticule, et Sa Majesté y a fait placer une pyramide en marbre entourée d'une grille.

La route de Saint-Sauveur à Luz est une des promenades les plus attrayantes des environs. Elle est ornée dans tout son parcours d'une double rangée de

magnifiques peupliers qui étalent avec fierté le luxe de
leur fraîche verdure. Les prairies, qui étalent de chaque
côté leur vert tapis, reçoivent avec joie les innombrables filets d'eau qui tombent du haut des montagnes en ondes cristallines. Tout, dans cette vallée, respire la gaîté, le bonheur. Aussi les habitants de
Saint-Sauveur en font-ils souvent le but de leur promenade.

Luz est le centre manufacturier de ces fins tissus
qui, sous le nom de *baréges*, constituent les plus ra-
vissantes toilettes. Luz possède des guides honnêtes,
complaisants et très-dévoués. On ne peut se hasarder
à tenter une ascension sur les pics des hautes montagnes sans être piloté par ces intrépides montagnards,
qui réunissent la prudence au courage.

CHAPITRE II.

ORIGINE DE SAINT-SAUVEUR.

Les eaux sulfureuses de Saint-Sauveur sont connues depuis fort longtemps, et la première mention qui en a été faite remonte au XVIe siècle.

Des écrits, qui portent le cachet de l'authenticité, attribuent à Gentien Belin d'Amboise, évêque de Tarbes en 1569, la découverte de la source de l'établissement communal. Les documents conservés dans les archives de la vallée laissent un peu d'incertitude sur la date précise où la source commença à être utilisée. En arrivant à l'année 1717, on trouve une pièce qui indique clairement qu'à cette époque il existait quelques traces d'une espèce d'établissement où les habitants du pays allaient prendre des bains.

« Il y est dit que, par ordre du Roy, les sieurs Danseau et Daste, ingénieurs et fontainiers, furent envoyés aux bains de l'Abat sus (Baréges) pour y faire des réparations. Ils vérifièrent aussi l'eau du bain de Saint-Sauveur pour s'assurer s'il n'y avait pas mélange d'eau froide ; et, après avoir examiné l'eau minérale et la dureté du mastic, ils affirmèrent que l'eau était pure. »

La source de Saint-Sauveur avait donc à cette
époque des propriétés connues et reconnues, puisque
le roi en faisait examiner et vérifier la pureté. Leur
réputation était déjà commencée, et on paraissait déjà
lui accorder des vertus efficaces.

En 1722, Monseigneur de Lary, évêque de Tarbes,
vint à Saint-Sauveur pour y prendre les bains; il profita
de son séjour pour visiter les églises de la vallée et
donner la confirmation dans l'église de Luz. La date
de cette visite se trouve consignée dans les archives
de la vallée.

Les auteurs qui font remonter à Bézégua la découverte de la source de Saint-Sauveur sont dans une
grande erreur, et les pièces ci-dessus relatées prouvent
d'une manière évidente qu'on les connaissait avant lui.
Mais il faut reconnaître que c'est à partir de la visite
qu'il y fit et qui lui fut si avantageuse que la réputation
des eaux de Saint-Sauveur prit une grande extension.
Il fit beaucoup de démarches près de l'Académie
royale de médecine pour obtenir la nomination d'une
commission spéciale prise dans son sein et chargée
d'étudier les propriétés de ces eaux. L'Académie déféra
aux vœux de Bézégua en envoyant quelques-uns des
plus recommandables de ses membres pour faire l'a-
nalyse la plus minutieuse des eaux de la source ; et,
après avoir rempli sa mission, la commission déclara
que les propositions de Bézégua étaient justes et bien
fondées. C'est à partir de cette décision, prise en 1750,
que la source de Saint-Sauveur fut reconnue comme
source de l'État. Ce n'est cependant qu'en 1768 qu'a

été nommé le premier médecin, ou plutôt le premier baigneur de l'établissement de Saint-Sauveur.

Voici la pièce qui en fait foi :

« Jean Sénac, conseiller ordinaire du Roy en ses conseils d'État et privé, premier médecin de Sa Majesté, surintendant général des eaux, bains, fontaines minérales et médicinales du Royaume, ayant plu au roy Henri IV, par ses édits et lettres patentes, de donner pouvoir à son premier médecin et à ses successeurs en ladite charge de lui nommer et présenter des intendants de capacité requise, dans tous les lieux du Royaume où il se trouve des sources, bains, fontaines médicinales ; d'y établir des directeurs, inspecteurs, concierges, garde-fontaines, baigneurs et baigneuses, et tous autres officiers de capacité suffisante, tant pour la conservation et entretien des fontaines que pour la distribution fidèle de leurs eaux, et de commettre aussi des personnes de probité et de capacité pour faire le transport, la vente et le débit des eaux où besoin serait, lequel pouvoir aurait été confirmé par les lettres patentes de Sa Majesté Louis XIV, de glorieuse mémoire, en date du 19 août 1709, enregistrées en Parlement le 4 septembre de la même année, ensemble par les lettres patentes de Sa Majesté heureusement régnante, accordées à feu Chicoyneau, notre prédécesseur, et à nous par autres lettres du 15 avril 1752 ; Nous, en vertu dudit pouvoir qu'y confirme l'union de la surintendance générale desdites eaux à notre charge de premier médecin, et étant informé de l'efficacité de celles de Saint-Sauveur près de Luz-en-

2

Baréges, au diocèse de Tarbes, et combien il serait avantageux au public de trouver sur les lieux une personne utile à ceux qui s'y rendent pour faire usage de ces eaux : à ces causes, sur les bons et louables rapports qu'il nous a été fait du sieur André Casaux, de ses sens, bonne conduite, vie, mœurs, probité, religion catholique, apostolique et romaine, l'avons nommé et nommons pour faire, à l'exclusion de tous autres, dans ledit lieu de Saint-Sauveur, près de Luz, l'office de baigneur et donner ses soins à ceux qui y iront faire usage desdites eaux minérales, voulant qu'il remplisse cette place avec toute l'exactitude et la fidélité convenables. Sera tenu ledit sieur Casaux de faire enregistrer où besoin sera, notamment au greffe du lieu, ces présentes, que nous avons signées, fait contresigner par notre secrétaire ordinaire, qui a apposé le sceau de nos armes.

» Donné à Versailles, le Roy y étant, le 20 juillet 1768. »

Dès cette époque les eaux de Saint-Sauveur jouissaient d'une certaine vogue, et l'importance qu'elles prirent plus tard appela l'attention de M. de la Boullaye, intendant à la généralité d'Auch, qui, convaincu de l'insuffisance des bains de Saint-Sauveur, ordonna, en 1778 :

1° D'augmenter le terrain au coin duquel ces bains sont placés ;

2° De faire une chapelle plus grande et plus commode que l'actuelle, qui est humide et malsaine ;

3° De pratiquer un logement pour les invalides chargés, pendant la saison, de la police du lieu ;

4° Enfin de faire plusieurs autres augmentatións et réparations comprises dans l'instruction du fermier.

Et il ajoute :

« A cet effet, nous, intendant, avons commis et commettons ledit sieur Moisset, sous-ingénieur des ponts et chaussées au département de Tarbes, pour donner les plans, coupes, élévations, devis et détails estimatifs des ouvrages dont il s'agit. Enjoignons aux habitants des vallées dont Saint-Sauveur dépend et aux conseils de prêter au sieur Moisset tous les secours dont il pourra avoir besoin pour son travail ; et, attendu qu'il est instant de pourvoir aux fonds nécessaires pour l'exécution des ouvrages dont l'adjudication se fera incessamment, ordonnons auxdits conseils de mettre en réserve les sommes provenant de la ferme de Saint-Sauveur, sans aucune distraction, pour être ensuite employées par mon ordre au payement de l'adjudication.

» Fait à Auch, 12 août 1778. »

Les modifications ordonnées par M. de la Boullaye furent exécutées à Saint-Sauveur. Il fallait s'occuper de la nomination d'un intendant capable de donner des soins aux malades qui venaient prendre les eaux.

Le document suivant donne l'indication de l'intendant des eaux de Saint-Sauveur :

« Aujourd'hui 7 août 1784, le Roy étant à Versailles, le sieur Normande, docteur en médecine à Lourdes en Bigorre, a très-humblement exposé à Sa Majesté que le sieur Lassone, un des conseillers d'État, son premier médecin et surintendant des eaux, bains, fon-

taines minérales et médicinales du royaume, l'aurait
nommé, par ses titres du 2 août de la présente année,
pour, sauf le bon plaisir de Sa Majesté, remplir la
place d'intendant des eaux de Saint-Sauveur ; qu'il
suppliait, en conséquence, Sa Majesté de lui accorder
un brevet confirmatif de ladite nomination : à quoi
ayant égard, vues lesdites lettres du sieur Lassone
dudit jour 2 août de la présente année, Sa Majesté a
agréé et confirmé la nomination faite par ledit sieur
Lassone dudit sieur Normande, pour être pourvu de
l'état d'office de conseiller médecin ordinaire de Sa
Majesté, intendant des eaux minérales et médicinales
de Saint-Sauveur, pour lui jouir, par ledit sieur Normande, aux honneurs, priviléges prérogatives, droits,
fruits et profits tels ou semblables dont jouissent ou
doivent jouir les autres intendants des eaux minérales
du Royaume, à la charge par ledit sieur Normande de
se renfermer strictement dans les termes des lettres
dudit sieur Lassone, dudit jour 2 août de la présente
année. Mande et ordonne Sa Majesté aux comman-
dants et intendants de la province de faire jouir ledit
sieur Normande paisiblement et pleinement, obéir et
entendre de tous ceux ainsi qu'il appartiendra et choses
concernant le bien public et l'exercice dudit office, et
ce, tant en vertu du présent brevet que pour assurance
de sa volonté.

» Sa Majesté a signé de sa main, fait contresigner
par moi, conseiller d'État de ses commandements et
finances.

» Baron DE BRETEUIL. »

Les eaux de Saint-Sauveur ont, pendant un grand nombre d'années, brillé d'un vif éclat. Elles ont eu le privilége d'attirer à leur source les personnages les plus haut placés ; leur réputation n'a fait que grandir, et si cette station n'a pas vu pendant un certain temps continuer le noble pèlerinage qui se faisait tous les ans à son établissement, il ne faut en accuser que les convulsions politiques qui ont bouleversé le sol et dispersé momentanément ses visiteurs habituels.

La foule des malades a toujours été croissant, et l'influence efficace de ses eaux lui assure un avenir de plus en plus prospère.

Si on se reporte à l'année 1768, on y voit Pujot affermant l'établissement thermal, moyennant la modique somme annuelle de 151 livres. En 1848, les bains de Saint-Sauveur produisaient à la vallée la somme de 12,000 fr., et, en 1868, le revenu s'est élevé à plus de 16,000 fr.

Avec les modifications conseillées, que le syndicat de la vallée est tout disposé à faire exécuter, nul doute que l'administration de la vallée arrive à doubler ses produits dans un temps qui ne sera pas éloigné.

Il est aussi nécessaire, indispensable même, que les habitants de cet heureux petit village prennent des mesures pour que ses nombreux visiteurs soient certains d'y trouver un gîte.

Bien souvent il arrive que, ne trouvant pas d'appartements à Saint-Sauveur, ils se voient dans l'obligation d'aller réclamer l'hospitalité à Luz. Cette succursale de la station thermale, loin de se plaindre de l'affluence des baigneurs qui, chaque année, vont prendre position chez elle, emploie, au contraire, tous les moyens imaginables pour les retenir et les engager à revenir l'année suivante.

CHAPITRE III.

L'établissement thermal de Saint-Sauveur-les-Bains est de date récente. Commencé en 1830, il n'a été terminé qu'en 1861, après la visite de l'Empereur, qui a conseillé certaines améliorations importantes dont les baigneurs jouissent depuis cette époque.

Certains documents attribuent à Gentien Belin d'Amboise, évêque de Tarbes en 1569, la découverte de la source sulfureuse de Saint-Sauveur. Ce prince de l'Église, pour se soustraire aux persécutions des protestants, fut obligé de se réfugier à Luz. Pour charmer les loisirs de la solitude, il visita les montagnes des environs, et c'est dans une de ses excursions que, frappé d'une odeur particulière exhalée par un filet d'eau, il en rechercha la cause et découvrit la source précieuse dont il fit usage sur lui-même pour combattre une certaine maladie dont il était atteint depuis plusieurs années.

Le résultat combla ses espérances ; et, pénétré d'une vive reconnaissance pour les bienfaits qu'il avait retirés de cette eau merveilleuse, il fit construire près de la source une chapelle avec cette inscription :

VOS HAURIETIS AQUAM DE FONTE SALVATORIS.

Il est probable que Saint-Sauveur tire son nom de cette inscription.

Les vertus efficaces de cette source demeurèrent longtemps oubliées, et il faut arriver à 1717 pour trouver les traces d'une espèce d'établissement que les habitants du pays avaient construit pour leur usage particulier.

En 1750, l'abbé Bézégua, professeur de droit à l'Université de Pau, se rendit à Baréges, déjà en renom, pour se guérir d'une affection des voies urinaires. Son séjour dans cette station thermale et le traitement balnéaire qu'il y suivit ne firent qu'aggraver sa position; il se résigna, sur les conseils des habitants du pays, à descendre à Saint-Sauveur, où il obtint une guérison en vain espérée à Baréges.

La célébrité des eaux de Saint-Sauveur commença à se répandre à partir de cette cure regardée comme merveilleuse, et l'abbé Bézégua reconnaissant employa tous les moyens en son pouvoir pour attirer sur l'établissement thermal l'attention générale.

L'établissement d'alors se composait d'une piscine couverte et de quelques baignoires. Une seule maison, attenante à l'établissement, servait de logement au baigneur ou fontainier.

Quelques années plus tard, l'abbé Bézégua revint à Saint-Sauveur et constata qu'on y avait déjà édifié de belles habitations, et que l'aménagement du local servant d'établissement avait subi de sensibles améliorations. Il trouva à Saint-Sauveur l'agrément, la commodité, le logement, le service et presque tout le perfectionnement qu'on y voit aujourd'hui.

Cependant, en compulsant les actes qui relatent les

clauses de l'adjudication des bains de Saint-Sauveur faite en 1761 au baigneur Pujot, successeur de Cabaron, on y trouve que tout y était encore très-modeste. Il y avait bien déjà quelques logements à l'usage des baigneurs, mais ils dépendaient de l'établissement.

L'efficacité des eaux sulfureuses de Saint-Sauveur se répandit bientôt, et leur réputation alla toujours en grandissant; de sorte que l'on fut obligé, en 1778, conformément à l'ordonnance du 17 avril, de réparer et d'augmenter les bâtiments de Saint-Sauveur pour les rendre plus commodes et plus utiles aux personnes qui affluaient dans ce lieu pour y prendre les bains.

L'établissement, alors, comptait une dizaine de baignoires, avec des dénominations différentes. Il y avait quatre baignoires dites de la châtaigneraie, qui étaient isolées et situées dans des pièces très-obscures et surtout très-courues, vu la haute thermalité des eaux qui les alimentaient; il y en avait d'autres qu'on appelait les bains de la terrasse, dont la température était moins élevée, et qui par cela seul n'étaient pas souvent visitées. On s'aperçut plus tard, lors de la construction du nouvel établissement, que la basse thermalité de ces eaux était due au mélange d'eau du torrent avec l'eau thermale.

On trouvait aussi deux autres baignoires, dites de Bézégua, dont cet abbé s'était réservé la jouissance, les ayant fait établir à ses frais.

En 1808, M. Chazal, préfet des Hautes-Pyrénées, fit ajouter à ce système balnéaire un groupe appelé les bains de la Chapelle, dont la température était différente, et qu'on pensait être alimentés par des filets d'eau particuliers. Mais les travaux entrepris dans ces derniers temps, et qui furent le point de départ de l'établissement actuel, montrèrent que ces différents filets d'eau, qui tout d'abord paraissaient indépendants, venaient tous d'un seul et même point d'émergence, qui, à peu de distance du sol, se divisait en plusieurs branches, et dont quelques-uns, se mélangeant à l'eau naturelle, perdaient de leur thermalité. Des fouilles habilement pratiquées permirent d'arriver au griffon. Ce sont ces diverses ramifications qui, réunies avec soin, constituent la source thermale de Saint-Sauveur.

Un des filets d'eau sulfureuse, découvert pendant les travaux, et d'une basse température, 21°, est resté indépendant; on l'a ménagé, et c'est celui qui coule dans la buvette du côté droit.

Depuis cette époque le nombre des baigneurs a été toujours croissant, et cette progression n'était pas le résultat d'une vogue frivole et légère, ou due à la visite qu'y firent à plusieurs reprises les personnages les plus haut placés; elle était due à l'efficacité constatée des eaux minérales qui avaient opéré bon nombre de cures extraordinaires.

Pour répondre aux exigences des nombreux visiteurs étrangers, les propriétaires des terrains circonvoisins de l'établissement firent construire des habitations vastes, confortables et surtout commodes. Ces maisons, en marbre gris du pays, donnent un aspect sévère à l'unique rue de ce charmant village, qui, d'un côté, est suspendu sur le Gave, et de l'autre couronné par le pic de l'Aze.

L'établissement thermal est situé à peu près au milieu de la rue, sur laquelle il présente sa façade ornée de superbes colonnes de marbre qui supportent le couronnement. C'est un édifice coquet et majestueux, ayant la forme d'un quadrilatère, dont le côté du levant est constitué par une terrasse qui domine le précipice.

On y descend au moyen de six marches en marbre, qui forment péristyle et qui donnent accès au corps principal. De chaque côté se développent à angle droit les deux ailes formant retour et circonscrivant une tour carrée assez vaste, sur laquelle s'ouvrent les deux galeries couvertes, qui sont aussi ornées de magnifiques colonnes en marbre, et qui donnent accès aux cabinets de bains.

La terrasse, sur laquelle on arrive par trois marches, est vaste, plantée de vieux et magnifiques tilleuls et bien ombragée ; un petit pavillon, placé au milieu, sert, pendant la saison, de cabinet de lecture ; on y trouve les journaux de toutes nuances et des recueils instructifs périodiques et amusants, ce qui permet aux baigneurs d'attendre agréablement l'heure du bain.

Le système balnéaire de Saint-Sauveur se compose de vingt cabinets de bains, de deux cabinets de douches et deux buvettes.

Les deux buvettes sont situées à l'entrée des galeries latérales ; elles donnent continuellement un filet d'eau d'un diamètre convenable. Elles sont alimentées, celle de gauche, par l'eau qui vient directement du griffon, avec la thermalité native ; un thermomètre exposé sous le jet accuse une température de 33°5 à 34° centigrades. Cette eau est utilisée comme boisson et surtout en gargarismes. En boisson, elle est un peu nauséabonde; elle laisse exhaler une odeur particulière, caractéristique des eaux sulfureuses. L'estomac la digère difficilement, jusqu'à ce que la tolérance se soit établie. En gargarismes, elle rend de très-grands services dans les affections particulières où elle est indiquée. Son jet est continu; il tombe dans une belle vasque, en marbre gris du pays, où il laisse un dépôt blanc, laiteux, qui n'est autre chose que de la sulfuraire, glairine ou barégine.

La buvette de droite, dont la température ne s'élève pas au-dessus de 21° centigrades, est beaucoup plus fréquentée par les buveurs que celle de gauche. La basse thermalité de son eau lui donne un peu plus de légèreté et de facilité pour la digestion ; la tolérance de l'estomac est beaucoup plus vite établie. Une vasque semblable à celle de la buvette de gauche reçoit le filet d'eau qui s'échappe du robinet et qui vient d'une source particulière, ménagée avec soin lors de la construction de l'établissement. Cette eau, sauf la thermalité, est identique, par sa composition chimique, à celle du griffon.

Les cabinets de bains qui s'ouvrent sur les galeries sont inégalement répartis. La galerie de droite n'en compte que huit, tandis que celle de gauche, grâce à la construction d'une troisième galerie, a permis d'y établir quatre nouveaux cabinets et deux douches, ce qui en porte le nombre à quatorze. Les cabinets de bains sont bien installés, avec toutes les commodités désirables, et surtout une propreté irréprochable. Les baignoires, en beau marbre du pays, sont vastes et profondes; à demi entaillées dans le sol, elles sont toutes alimentées par deux tuyaux d'eau minérale, l'un venant directement du petit réservoir, qui est en communication immédiate avec le griffon, avec une température de 33° à 34°, et le second, du grand réservoir, avec une thermalité de 29° à 30°.

Les baignoires parallèles à la route et les plus rapprochées de la source donnent les bains à la température la plus élevée. Recevant l'eau directement du petit réservoir, elles n'éprouvent qu'une légère déperdition de chaleur dans le trajet qui les sépare de la source. Celles qui sont situées le long des galeries ne reçoivent l'eau minérale qu'à une température moins élevée; les plus éloignées, celles du bord de la terrasse, ne peuvent fournir l'eau qu'à la température de 28°.

Cette basse thermalité est une des causes de sédation que l'eau de Saint-Sauveur possède au suprême degré.

Les deux cabinets de douches, de construction récente, sont les plus rapprochés du griffon, dont ils reçoivent directement les eaux à la température native.

La douche descendante, installée dans un grand cabinet de bain, outre une baignoire ordinaire, possède un bassin quadrangulaire d'un mètre trente centimètres de côté avec une profondeur de soixante centimètres ; elle est organisée de manière à pouvoir être administrée sous toutes les formes. La douche en jet, d'une force assez puissante, peut être dirigée sur toutes les parties du corps avec une intensité variable, suivant les indications du médecin. Le diamètre du jet peut être modifié suivant les besoins, et la force de projection du liquide peut être augmentée ou diminuée à volonté.

La douche en pluie s'administre au moyen d'un vaste entonnoir fermé à sa base et criblé d'une infinité de petits trous.

La douche en pomme d'arrosoir rend aussi de grands services, parce qu'on peut, à son gré, varier la force du jet et augmenter ou diminuer le nombre et le dia-mètre de chaque petit filet d'eau. Cette douche peut aussi s'appliquer sur toutes les parties du corps avec une force de projection variable. Tout le système de douches est alimenté par l'eau minérale venant directement du griffon, avec une thermalité très-élevée : l'eau qui s'échappe des tuyaux marque 33° centigrades.

Ce cabinet contient aussi une douche écossaise, c'est-à-dire une douche alternativement chaude et froide. Cette alternative de chaud et de froid dans le jet est produite par une combinaison qui fait communiquer le tuyau principal de la douche chaude avec un filet d'eau froide venant d'un bassin situé à une élévation de quatre mètres environ ; on ouvre le robinet du tuyau d'eau froide, tandis qu'on ferme celui qui donne issue à l'eau chaude, et *vice versa*. L'eau chaude vient du griffon, tandis que l'eau froide a été recueillie sur le flanc de la montagne qui est en face de l'établissement, à une élévation d'une douzaine de mètres. Cette eau est à la température de 8° à 9° au-dessus de zéro.

On a aussi organisé une douche uniquement froide, dont l'eau vient du bassin dont il vient d'être question. Cette douche a un degré de pression très-prononcé.

Ces deux dernières douches peuvent, suivant les résultats à obtenir, être modifiées en quantité et en force.

Dans un cabinet presque contigu à celui de la douche descendante est établie la douche ascendante, tirant aussi directement son eau du griffon. Comme douche unique, elle ne laisse rien à désirer : volume du jet et pression suffisante, qu'on peut modérer suivant les indications spéciales. On l'administre tantôt en jet unique ou en filets multiples : une soupape placée sur un des côtés du siége s'ouvre et se ferme à volonté. En ouvrant complétement la soupape, l'eau jaillit avec toute sa puissance ; en graduant le degré d'ouverture, on obtient une pression facile à supporter, et qui suffit à tous les besoins.

Un tuyau d'eau froide s'ouvre de l'autre côté du siége, où une soupape est aussi installée, dans le but de permettre aux malades l'administration d'une douche chaude ou froide, ou d'une douche écossaise, à volonté.

Le système de douches tel qu'il existe à l'établissement de Saint-Sauveur laisse un peu à désirer sous le rapport de la puissance de projection de l'eau minérale. Le point d'émergence de la source et l'orifice du tuyau de la douche n'offrent pas une différence de niveau assez sensible pour donner une force suffisante. On fait espérer une modification importante qui consiste dans la translation des cabinets de douches sur la terrasse ; la différence de niveau serait augmentée d'une manière convenable, et tous les intérêts seraient satisfaits.

Cette modification, acceptée en principe par le syndicat de la vallée, ne tardera pas à être mise à exécution.

Les baigneurs, dont le zèle à remplir leurs fonctions mérite des éloges, devraient, sauf juste rétribution, être chargés de l'administration des douches. Les malades soumis à ce traitement particulier sont obligés de diriger eux-mêmes le jet, dont ils ne peuvent pas le plus souvent graduer la force, et se trouvent aussi parfois dans l'impossibilité de projeter le liquide sur des endroits inaccessibles.

La source thermale jaillit de la roche qui se trouve vis-à-vis l'établissement. On y arrive par un tunnel percé sous la route de Gavarnie, et où se trouvent les réservoirs destinés à la recevoir. Ces réservoirs, au nombre de deux, sont construits en marbre du pays et de ciment de Vassy. Hermétiquement clos, ils s'opposent d'une manière complète à la décomposition de l'eau par le contact de l'air ; par leurs dispositions intérieures, ils assurent la pureté de l'eau avec sa thermalité native.

Le petit réservoir reçoit directement l'eau du griffon,

dont la captation est parfaite. Il mesure neuf mètres de longueur sur un mètre de hauteur et un mètre de largeur : l'eau n'a subi aucune perte de température, puisqu'elle coule dans son intérieur. Le grand réservoir est en communication avec le petit; il mesure onze mètres cinquante centimètres de longueur sur deux mètres de large et un mètre de haut. Il est spécialement destiné à recevoir le trop-plein du petit réservoir, avec une légère déperdition de chaleur.

Chacun de ces réservoirs envoie des conduits dont le nombre varie suivant qu'ils alimentent deux ou quatre cabinets. Le petit réservoir, qui reçoit directement l'eau du griffon, et d'où partent les conduits pour être distribués aux baignoires, possède la plus haute thermalité. Le thermomètre centigrade accuse 35° à l'eau qu'il contient.

Les cabinets placés près du griffon reçoivent l'eau à la température presque native; ils donnent des bains de 32° à 33°. La température de l'eau s'abaisse d'autant plus qu'on s'éloigne davantage de la source, et les cabinets du bord de la terrasse ne peuvent plus fournir l'eau qu'à 28° ou 29°.

Le débit de la source, ne pouvant être utilisé à mesure qu'elle jaillit du rocher, arrive dans le petit réservoir, qui la reçoit jusqu'à plénitude; et, lorsqu'il est complétement rempli, un tuyau, qui le met en communication avec le grand réservoir, y conduit le trop-plein, pour être ensuite distribué aux baignoires les plus éloignées de l'œil de la source, où on ne prend les bains qu'à 28° ou 29°.

La spécialité des eaux de Saint-Sauveur reposant en général sur une température douce, qui amène la sédation, le plus grand nombre des malades ne prend les bains que de 25° à 28° ; et, pour obtenir promptement ce degré, on a ouvert dans chaque baignoire deux conduits en communication directe avec les deux réservoirs, dont le mélange d'eau facilite et abrége la préparation du bain, tandis que l'on est certain de la pureté de l'eau, qui n'a pu subir aucune modification dans sa composition, puisqu'elle est restée complétetement isolée de l'air extérieur. A sa sortie du griffon, l'eau minérale tombe dans le petit réservoir, d'où elle est divisée en trois parties, par le moyen de tuyaux en plomb, qui la reçoivent et la drigent suivant les besoins, dans les baignoires, les douches et la buvette.

L'aménagement des eaux de la source sulfurée de Saint-Sauveur a été opéré sous l'habile direction de M. François, inspecteur général des mines, et, sous tous les rapports, il ne laisse rien à désirer. La captation de la source est complète et parfaite ; les réservoirs en marbre, hermétiquement clos, s'opposent à ce que cette eau ne puisse perdre aucune de ses propriétés pendant son court séjour dans les récipients ou pendant son trajet du griffon aux baignoires, douches et buvettes. Chacun des réservoirs fournit à chaque baignoire l'eau qui doit servir au bain ; le petit réservoir contient l'eau à l'état natif, c'est-à-dire à 35°.

L'eau reçue dans le grand réservoir, et qui vient du trop-plein du petit, est à 29° ou 30°. Ces deux eaux, mé-

langées avec intelligence, suivant qu'on veuille administrer un bain chaud ou tempéré, ne peuvent donc
perdre aucune de leurs vertus curatives , puisqu'elles
sont constamment restées captées dans des conduits
de plomb hermétiquement clos, et qu'elles sont en
contact avec des substances non susceptibles d'en alté-
rer la composition chimique.

Des expériences complètes et concluantes faites par
M. Richardson prouvent que l'eau sulfureuse en contact
avec le plomb ne subit aucune modification dans sa
composition chimique, et que par conséquent on ne
peut attribuer à ce contact aucune influence fâcheuse.

Les bains peuvent, à Saint-Sauveur, être administrés
à toutes les températures, jusqu'à 35°, et les plus généralement visités sont ceux qui avoisinent 25° ou 26°.
C'est à ce degré de température qu'ils produisent
plus promptement la sédation, phénomène recherché
par le plus grand nombre des visiteurs.

Les baignoires sont presque toutes munies d'un
appareil à injection , qui s'adapte parfaitement aux
tuyaux de conduite des eaux, et dont on peut se servir
dans le bain sans secours étranger.

Dans le souterrain où sont situés les réservoirs, et
dans les rigoles qui donnent issue aux suintements de
l'eau minérale, on remarque une substance blanche,
légèrement opaline, onctueuse, savonneuse, dont le
contact est doux et tellement filant qu'il est impossible
de la fixer dans la main, et qui laisse à la peau un
moelleux, une douceur, un velouté tellement agréa-

bles, qu'on ne peut trouver un sujet de comparaison. C'est la barégine, la glairine ou la salfuraire.

Beaucoup d'étrangers, qui ont pu apprécier les bienfaits de cette substance, en font une ample provision, comme objet hygiénique de toilette.

Un vaste chauffoir, divisé en autant de cases qu'il y a de baignoires, assure à tous les baigneurs un linge bien chaud et bien sec, tout en leur donnant la plus grande sécurité que le linge n'est jamais changé de destination.

Des porteurs, en nombre suffisant pour le service de l'établissement, sont chargés d'aller chercher les malades à leur domicile et de les reconduire après le bain. Les chaises à porteur sont bien établies, solides, faciles et commodes.

CHAPITRE IV.

CLIMATOLOGIE.

Saint-Sauveur, par sa position exceptionnelle, adossé à une montagne très-élevée, suspendu au-dessus d'un torrent qui mugit au fond du précipice, entouré d'une végétation vigoureuse, offre les conditions hygiéniques les plus favorables à une station thermale.

Encaissé entre deux des pics les plus élevés de la chaîne centrale des Pyrénées, qui le protégent contre les vents de l'est et de l'ouest, il ne reçoit que ceux qui s'engouffrent dans la gorge de Gavarnie, qu'ils viennent du nord ou du midi.

Le vent de l'est, qui suit la gorge de Baréges, vient se briser contre les flancs de la montagne de l'Aze ; ses effets ne se font pas sentir jusqu'à Saint-Sauveur, qui s'en trouve garanti par le mamelon élevé qui est placé en sentinelle avancée à l'entrée de la vallée.

Le vent de l'ouest est arrêté complétemet par le pic de l'Aze, qui domine Saint-Sauveur de 2,000 mètres environ ; ce qui fait qu'il n'est jamais appréciable dans cette gorge.

Les vents qui règnent à Saint-Sauveur, et principalement pendant la saison des eaux, se réduisent à deux types : le vent du nord et le vent du sud.

La direction normale d'un vent éprouve souvent une déviation, occasionnée par des vicissitudes atmosphériques et des accidents de terrain, qui font qu'un vent nord souffle N.-E. ou N.-O., et qu'un vent sud accuse le S.-E. ou le S.-O.

On constate, en effet, une déviation manifeste dans les vents qui règnent ordinairement sur Saint-Sauveur. Le vent nord marque N.-E. ; le sud, S.-O. Cela tient à la direction de la vallée, qui se prolonge par une gorge resserrée et profonde jusqu'à Gavarnie, et qui a la direction qu'affectent ces vents, c'est-à-dire la direction nord-est sud-ouest.

Ces deux variétés des vents particuliers à la vallée soufflent avec une inégale fréquence. Il n'est pas rare de voir le vent N.-E. sauter au S.-O. On ne les voit l'un ou l'autre persister qu'en raison des variations atmosphériques que déterminent les changements de saisons.

Le vent N.-E. souffle le plus souvent sur Saint-Sauveur ; il est tonique et fortifiant. Sous son influence, on se sent plus alerte, plus dispos et plus fort. Les fonctions s'opèrent avec plus de régularité et plus de mesure ; la tête est libre, légère et vive, le travail intellectuel plus facile. La respiration se fait profonde, entière et bien rhythmée ; elle vivifie complétement le sang veineux par une hématose entière ; la circulation est régulière et bien coordonnée ; la digestion est active et entretenue par un appétit bien développé. Toutes les autres fonctions s'exécutent avec ampleur et précision. La locomotion est solide, agile et vigoureuse.

Le vent N.-E. exerce une influence favorable sur tous les êtres organisés, et les montagnards sont heureux lorsqu'ils le voient apparaître.

Le vent du sud ou sud-ouest est désigné dans le pays sous le nom de vent d'Espagne. Quoique moins persistant que celui du nord-est, il souffle cependant assez fréquemment. Il est loin d'avoir la même influence salutaire sur la santé des habitants, qui lui attribuent une grande partie des maladies dont ils sont atteints. Il reste bien entendu qu'il faut des circonstances atmosphériques particulières pour expliquer et donner naissance à certaines maladies. Toujours est-il qu'on lui attribue avec quelque raison les dérangements gastriques et intestinaux qu'un changement de direction de ce vent suffit pour faire disparaître en peu de temps.

Pendant la saison thermale, l'influence de ce vent détermine la manifestation de certains phénomènes qui souvent obligent à interrompre tout traitement.

Ces phénomènes peuvent se résumer ainsi :

La tête devient lourde, brûlante et souvent douloureuse ; grande chaleur à la peau sans sueur, ce qui tient à l'agitation violente de l'air chaud, qui, en contact avec la surface cutanée, la sèche très-rapidement ; lèvres brûlantes, glissant avec peine l'une sur l'autre ; inappétence, digestion pénible, respiration gênée, difficile, incomplète ; gargouillements intestinaux bientôt suivis de selles diarrhéiques, prenant assez souvent le caractère dyssentérique ; sécrétion urinaire très-abondante ; pouls fréquent, abattement et dépression

générale des forces, et, chez les sujets nerveux, sentiment de défaillance avec tremblement et faiblesse des
jambes, sueurs et tendances à la syncope.

Dans un tel état de malaise, il est nécessaire de suspendre complétement le traitement thermal, parce
qu'alors les accidents diarrhéiques ne tarderaient pas à
dégénérer en dyssenterie, ce qui prolongerait beaucoup le traitement et en compromettrait le résultat.

Ces accidents, peu graves, n'en sont pas moins insupportables et douloureux; ils laissent le malade
dans un état de prostration qui exige quelques jours
pour disparaître complétement.

Cette influence funeste du vent du sud ne s'exerce
pas seulement sur les étrangers : les habitants du pays
la subissent également, mais avec beaucoup moins
d'intensité. Ces robustes montagnards, vigoureusement
constitués, accoutumés aux plus rudes travaux de la
culture si difficile des flancs escarpés des montagnes,
habitués aux fatigues les plus pénibles, vivant avec la
frugalité des anciens anachorètes, et vêtus suivant les
conditions hygiéniques que comporte le séjour dans
les montagnes, sont beaucoup moins accessibles aux
variations atmosphériques que les nouveaux venus
dans ces contrées.

S'ils éprouvent parfois quelques dérangements de
l'estomac et des intestins, ils s'en rendent vite maîtres
par la diète et la transpiration. Le règne végétal est
très-sensiblement affecté par le vent du sud, et surtout
dans la saison des plus grandes chaleurs. Les arbres
qui, la veille, étalaient fièrement leur feuillage vert et

luisant, présentent des feuilles ternes, flétries, pante-
lantes, qui ne paraissent plus appartenir à la tige qui
les supporte.

Les moissons, les plantes potagères et fourragères
ont un air triste et languissant ; elles baissent la tête
et cherchent, en se courbant les unes sur les autres, un
refuge contre leur ennemi.

Toute la nature est en proie à une anxiété profonde ;
elle subit l'influence funeste du vent du sud-ouest.

Heureusement que, lorsque le vent du sud produit
ces phénomènes, ils ne sont pas de longue durée. Le
vent saute au nord, et en peu de temps tout rentre
dans l'état normal.

La direction des vents varie souvent dans la vallée
de Saint-Sauveur : il n'est pas rare de constater un
vent de nord le matin, et le soir un vent de sud.

La gorge de Saint-Sauveur, très-resserrée et très-
profonde, sillonnée par de nombreux filets d'eau dont
la température ne s'élève pas au delà de 10°, est soumise à des changements atmosphériques très-fréquents.
La direction du nord au sud entretient constamment
des courants qui la parcourent d'une extrémité à l'autre, et qui subissent des variations thermométriques
dues soit aux rayons du soleil, soit au contact des
nombreux cours d'eau qui jaillissent de toutes parts.
La mobilité des couches atmosphériques tient à ces
différentes modifications.

La vapeur d'eau, qui se dégage, dans ces conditions,
avec une grande abondance et une grande facilité,
charge les couches inférieures de l'air ; mais bientôt,

échauffées par les rayons solaires, elles s'élèvent pour faire place à d'autres couches moins élevées en température. De sorte qu'il règne sur cette vallée une atmosphère constamment renouvelée et saturée d'humidité.

La quantité de vapeur d'eau contenue dans l'atmosphère est toujours considérable et oscille entre 80ɼ100 et 90ɼ100 : il est rare de la voir descendre au-dessous de 80ɼ100. C'est le matin et le soir que l'atmosphère a son maximum de saturation. La différence qu'elle présente à ces deux époques du jour est assez notable pour aller parfois jusqu'à 74 ou 76ɼ100 ; le plus souvent elle ne dépasse pas 80ɼ100. Un vent du nord sec et une température froide font baisser le maximum de saturation, et l'on a constaté les chiffres exceptionnels de 72ɟ100, 70ɼ100. Cette diminution coïncide avec un abaissement dans la hauteur de la colonne barométrique. En temps de pluie, au contraire, le maximum de saturation atteint les chiffres les plus élevés.

La force élastique de la vapeur contenue dans l'atmosphère est en raison directe de la vapeur d'eau qu'elle renferme ; elle est de 5^o20 à 6° lorsque le maximum de saturation atteint les chiffres de 80ɼ108 à 84ɼ100 ; elle peut n'être que de 4^o80 à 4^o50, s'il ne dépasse pas 72ɼ100, et monter au contraire à 6^o8 et 6^o14, lorsque le maximum de saturation arrive à 90ɼ100 et même 100, ainsi que M. Lecorché l'a observé vers la fin d'août de l'année 1863.

Cette énorme quantité de vapeur d'eau dépasse celle qu'on rencontre dans l'atmosphère des pays les plus favorisés, et qui, par cette raison, sont les plus fréquentés par les malades. Pau est loin d'atteindre ce degré, et Nice est encore moins bien partagée.

C'est à la multiplicité des cours d'eau, aux chutes nombreuses qu'on trouve de tous côtés, et qu'entretient pendant toute l'année la fonte insensible des neiges, c'est à l'abondance de ses rosées que la vallée de Saint-Sauveur doit cette quantité si notable de vapeur d'eau. Cette vapeur d'eau communique à l'atmosphère de précieuses qualités ; elle la rend inoffensive pour les poitrines délicates, qui, même le plus souvent, éprouvent une amélioration sensible par le séjour dans les montagnes.

Les tempéraments nerveux se trouvent très-bien de la sédation de l'atmosphère, qui devient un auxiliaire utile et puissant de l'action des eaux sulfureuses.

La pression atmosphérique varie peu, et les oscillations barométriques ne vont jamais au delà de 1 cent. 5. Le maximum ne dépasse jamais 70 cent. 5 ; le minimum, 69.

L'atmosphère de Saint-Sauveur est fortifiante, imprégnée des parfums balsamiques qu'exhalent les immenses forêts qui étalent le luxe de leur végétation vigoureuse sur les flancs et jusqu'aux sommets des plus hautes montagnes ; grâce à cette grande quantité de vapeur d'eau qui la sature, elle n'offre pas l'acreté, la sécheresse qu'on constate dans le pays de plaine.

La longévité y est commune, et il est facile de citer des familles où l'on compte des octogénaires et jusqu'à des centenaires. Ainsi, sur le versant ouest du pic de

Bergous, en face de Saint-Sauveur, on aperçoit une coquette maison, dite la Maison-de-la-Vieille, où les promeneurs vont prendre le lait chaud et manger les crêpes traditionnelles de sarrasin.

Cette maison est ainsi désignée parce que l'aïeule de la propriétaire actuelle est morte à 103 ans ; les autres membres de la famille ont aussi atteint un âge très-avancé, et sa fille, qui fait les honneurs du logis, est arrivée à une vieillesse imposante. Elle est vive, alerte, et jouit de toutes ses facultés intellectuelles. Il n'est pas rare, dans les excursions, que les touristes entreprennent, pour visiter les sites si pittoresques de ce splendide pays, de coudoyer de beaux vieillards aux cheveux blancs, dont la naissance remonte à la fin du siècle dernier.

La constitution médicale du canton de Luz est excellente ; les maladies épidémiques, qui font tant de ravages dans les autres parties de la France, y sont inconnues. La fièvre typhoïde y est extrêmement rare, et, s'il arrive qu'on en constate quelques cas, ils ne peuvent être comparés, pour le degré d'intensité, à ceux qu'on observe dans les contrées du centre et du nord de l'Empire.

Les montagnards, dont les habitations sont souvent perchées sur le sommet des pics, ou incrustées dans leurs flancs et entourées d'une riche végétation, dont le régime alimentaire est pour ainsi dire à l'état natif, et qui savent se soustraire si habilement aux variations atmosphériques brusques, ne sont pas exposés à contracter ces affections terribles que produisent l'entassement des individus et la privation d'air. La nature pourvoit à tous les besoins, et, si un air chaud, chargé d'électricité, les fatigue un moment, bientôt une pluie douce et bienfaisante vient calmer l'agitation de l'économie et la ramener à l'état normal.

La phthisie pulmonaire y est très-rare, et on comprend aisément qu'il doit en être ainsi en présence d'individus à l'état de nature, d'une constitution de bronze, habitués aux plus rudes travaux, constamment aux prises avec les éléments, et que la loi fatale de l'hérédité ne poursuit pas jusque dans leur descendance.

Si les habitants des villes sont fréquemment attaqués par ce fléau, il faut en accuser les excès de toutes sortes, l'encombrement dans des appartements restreints, la privation presque complète d'un air vivifiant et réparateur, et la misère la plus profonde.

Les bronchites aiguës et chroniques ne sont que passagères, les individus atteints ayant les sources sulfureuses à leur disposition.

Les affections pulmonaires aiguës s'observent rarement dans cette contrée, où l'air, saturé de vapeur, ne produit jamais, même avec un abaissement sensible de température, ces congestions qui sont le point de départ des inflammations thoraciques.

La phthisie scrofuleuse n'y est pas moins rare. Toutes les conditions hygiéniques, hérédité, habitudes, régime alimentaire, climat, altitude, sont autant d'obstacles au développement de cette affection.

L'air qu'on respire à Saint-Sauveur est, comme il a

été dit plus haut, saturé de vapeur d'eau. Toutes les conditions désirables fournissent cette saturation.

Saint-Sauveur, bâti dans le flanc de la montagne, au-dessus d'un torrent qui coule avec rapidité, environné de hautes montagnes riches de végétation et arrosées par une infinité de petits ruisseaux exposés à des courants d'air continuels, soit du nord, soit du sud, tout concourt au renouvellement de l'atmosphère. Pendant la belle saison, le soleil, en dardant ses rayons sur cette gorge, échauffe rapidement ses parois ; les couches atmosphériques, changeant de densité, établissent des courants dans toute son étendue. Aussi, chaque jour, voit-on, au moment où la température baisse un peu, les vapeurs d'eau se condenser sur la crête des pitons et sur les rochers qui font saillie sur leurs flancs, et former de petits nuages, qui, en se réunissant à ceux qui se sont formés autour d'autres pics, constituent ce qu'on appelle la mer des nuages ; le ciel est couvert jusqu'à ce que ces nuages aient atteint des régions plus élevées, où ils trouvent des courants qui les entraînent dans la direction du vent.

La pluie tombe assez rarement à Saint-Sauveur, surtout pendant la saison thermale. Tantôt elle accompagne les orages, tantôt elle les précède ; elle est due à la trop grande saturation de l'air par la vapeur d'eau et au refroidissement de l'atmosphère. Elle est toujours de courte durée : elle se borne quelquefois à quelques minutes. Elle apparaît toujours sous l'influence du vent d'Espagne ; elle devient alors bienfaisante et salutaire, puisqu'elle délivre les habitants de ces malaises insupportables produits par les chaleurs suffocantes qui précèdent les orages et suscités par le vent d'Espagne. Il est excessivement rare de voir plusieurs jours de pluie, si ce n'est aux équinoxes, où les variations de température exercent une influence manifeste sur la production de ce phénomène atmosphérique.

La pluie apparaît tantôt le matin, tantôt le soir ou la nuit. Le matin elle est fine, peu abondante, et ne dure que quelques heures. Elle est occasionnée par un excès de saturation de l'air par des vapeurs d'eau que les rayons du soleil n'ont pu dissiper. Dans le second cas, elle est due à des perturbations atmosphériques et est la suite des orages. Quelquefois il arrive qu'elle les précède. Elle tombe en larges gouttes d'abord, puis avec intensité et violence; mais sa durée est toujours limitée à quelques instants.

Les orages ne sont pas fréquents à Saint-Sauveur : la pluie du matin est en sens inverse de leur fréquence. Ainsi, en juillet 1868, on a constaté trois orages dans l'après-midi ou le soir, et la pluie du matin est tombée cinq fois. En août, il n'y a eu que deux orages et quatre matinées pluvieuses.

Les orages s'élèvent sur la vallée avec une grande rapidité, tantôt précédés de quelques gouttes de pluie, tantôt suivis de véritables averses, mais de très-courte durée. Le tonnerre, précédé par des éclairs éblouissants, gronde avec un bruit formidable. Répercuté par les remparts de granit des montagnes, il se prolonge au loin dans les gorges environnantes. La foudre ne produit jamais d'effets fâcheux dans toute la contrée, le pays se trouvant naturellement protégé par les pitons élevés des montagnes qui font l'office de paratonnerres naturels. On ne rencontre pas dans toute la vallée de Luz, la gorge de Gèdre et de Gavarnie, un seul arbre dont la tête ait été frappée par la foudre. Aussi les habitants de la station thermale, connaissant bien les conséquences de ces orages qui éclatent dans les nues, gardent-ils dans ces moments anxieux la plus complète sécurité. Ils redoutent plutôt les coups de vent, qui menacent quelquefois les toitures de leurs maisons.

La température de Saint-Sauveur est douce; les grandes chaleurs s'y font moins sentir que dans les pays de plaine. Dans les plus longs jours de l'été, le soleil ne répand sa lumière sur la vallée qu'à une heure assez avancée de la matinée. A l'orient, le pic du Bergous, qui s'élève à 2100 mètres au-dessus du village, ne laisse arriver les rayons solaires que vers huit heures ; et à l'occident, le pic de l'Aze, d'une égale élévation, ne permet pas au soleil de rester en vue après trois heures de l'après-midi. Dans ce court espace de temps, l'atmosphère ne peut recevoir une assez grande quantité de calorique pour atteindre un degré très-élevé, et si l'on prend en considération les différentes conditions de réfrigération, telles que les courants d'air, qui parcourent la vallée après avoir traversé les glaciers, les nombreux et rapides cours d'eau, dont l'évaporation continuelle absorbe une quantité assez notable de calorique, et l'altitude de la station, on s'explique parfaitement pourquoi la température de l'atmosphère reste dans des limites aussi modérées.

Les oscillations du thermomètre donnent pendant la saison thermale de 20° à 22° pendant le jour, et de 10° à 12° la nuit; soit une moyenne de 15°. A la même époque, à Paris et dans le reste de la France, la moyenne est de 22° à 24°.

L'été de 1868 a été remarquable par sa chaleur excessive. Dans certaines localités, la température s'est élevée jusqu'à 39° et 40°. A Saint-Sauveur, le thermomètre s'est tenu à 25°, si ce n'est le 22 juillet, où il a atteint 29°.

La température maxima de Saint-Sauveur est de 25° pendant les mois les plus chauds de l'année, juillet et août; elle n'atteint que 18° à 20° pendant les mois de juin et septembre. Pendant la même période, la température minima est de 12° à 14°. En juin et septembre, au moment des pluies, la différence entre les maxima et les minima est de 10°.

Les baigneurs peuvent facilement se soustraire à ces variations de température, en s'abstenant de sortir à l'air libre sans être convenablement vêtus : précaution indispensable à toute personne qui entreprend un voyage aux Pyrénées.

Le climat de Saint-Sauveur est doux, tonique et fortifiant; l'air y est parfaitement pur. Il ne peut en être autrement : une végétation puissante absorbe le gaz acide carbonique exhalé par les voies respiratoires et

4

le remplace par de l'oxygène. Les vapeurs balsamiques
que dégagent les vastes forêts qui dominent la vallée ;
la saturation de l'atmosphère par la vapeur d'eau ;
l'altitude de la station à 732 mètres au-dessus du niveau de la mer ; le renouvellement constant de l'air,
que des courants continus traversent en tous sens,
font de ce charmant petit village un séjour délicieux,
où les étrangers affluent pour y trouver la santé et
tous les agréments désirables.

Saint-Sauveur est un lieu calme, tranquille, où
l'âme se complaît, où l'esprit se repose en contemplant
cette splendide nature. On n'y voit pas le luxe brillant,
la légèreté frivole, les entraînements enivrants de la
mode ; tout y est sévère, paisible et réfléchi. Là est le
rendez-vous des individualités graves, pour qui la
santé est le bonheur, et qui viennent avec confiance de-
mander à la source salutaire les bienfaits de la guérison.

Saint-Sauveur peut être mis au rang des stations
thermales de premier ordre : non pas qu'on y rencontre une multitude de malades, pauvres déshérités
de la nature, cachant un visage dévoré par d'horribles
affections, ni de ces infirmes que Baréges a le privilége
d'attirer à ses sources nombreuses ; mais là se rendent
de gracieux visages un peu fatigués, des personnages
sérieux qu'un trop pénible travail a vieillis avant l'âge,
que des soucis cuisants ont conduits à une faiblesse
extrême. Tous, avec le même espoir, vont faire usage
de ces eaux, qui ont des propriétés spéciales, particulières et tellement puissantes, qu'une guérison complète leur est assurée.

Les eaux sulfatées sodiques de Saint-Sauveur sont efficacement employées dans certaines affections spéciales, et, si elles ont autrefois été préconisées contre toutes les maladies, il est nécessaire, dans l'intérêt des malades, de bien préciser les cas où elles sont vraiment efficaces.

Les eaux de Saint-Sauveur sont indiquées dans les affections nerveuses, idiopathiques ou symptomatiques, les pharyngites chroniques ou granuleuses, les maladies chroniques des voies urinaires, et surtout dans cette classe si nombreuse, si importante et si intéressante des affections si complexes, si bizarres et souvent si redoutables de l'appareil de la génération.

Les engorgements du corps et du col de l'utérus, avec granulations ou ulcérations, sécrétions anormales, les métrites chroniques, les différentes manifestations de l'hystérie, etc., etc., sont avantageusement combattus par une cure thermale, ainsi que les affections cutanées.

L'affaiblissement général et l'épuisement y trouvent aussi le plus souvent une guérison radicale.

Les anémies, les chloroses et toutes leurs conséquences sont victorieusement combattues à Saint-Sauveur, qui possède trois sources sulfatées calciques ferrugineuses.

La diathèse rhumatismale éprouve de bons effets de la cure thermale de Saint-Sauveur.

Ces différents genres d'affections viennent à Saint-Sauveur chercher la guérison, et bien peu n'obtiennent pas le résultat désiré. Les succès de chaque année se répandent au loin et confirment la réputation déjà acquise par ses eaux efficaces.

Les tempéraments essentiellement nerveux, qui présentent des manifestations diathésiques, soit herpétiques, scrofuleuses, ou rhumatismales, voient leur état s'améliorer sous l'influence du traitement balnéaire complet.

Bien que le cadre nosologique des affections traitées à Saint Sauveur paraisse assez compliqué, il rentre cependant dans les limites d'une spécialité bien caractérisée. L'eau sulfatée sodique de la source de l'établissement, en outre des propriétés communes à toutes les eaux de la même catégorie, possède au suprême degré la sédation. Bon nombre de malades qui n'avaient pu, sous aucune forme, suivre et même entreprendre un traitement sulfureux dans d'autres stations thermales, sont venus à Saint-Sauveur suivre une cure thermale sans malaise ni accidents, et s'en sont retirés enchantés des résultats obtenus par l'efficacité de sa source.

Les différents auteurs qui ont écrit sur Saint-Sauveur diffèrent d'opinion sur l'époque à laquelle les malades doivent se rendre à cette station pour suivre un traitement balnéaire et en retirer de bons effets.

Dans leurs différentes appréciations sur le climat des Pyrénées, plusieurs s'accordent sur ce point, que le traitement thermal ne doit commencer que vers le 10 juillet et se terminer à la mi-septembre. A l'appui de leur opinion, ils invoquent les variations brusques de température, les pluies qui, avant l'époque fixée, durent longtemps, l'air froid qui, dans cette station, n'a pas encore eu le temps de s'échauffer par les rayons solaires et de faire disparaître de la cîme des montagnes ces amas de neige que l'hiver y a déposés, etc., etc.

Le véritable motif de la brièveté de la saison est que les médecins qui se rendent à Saint-Sauveur pour diriger le traitement des malades qui leur sont confiés, dans le but de limiter la durée de leur absence loin de leurs plus chers intérêts, ont contribué à accréditer cette erreur, en publiant dans leurs écrits que les malades ne doivent pas affronter le climat des Pyrénées avant le 10 juillet : assertion qui porte un grand préjudice à l'établissement thermal et aux malades, qui, dans les mois de juillet et août, sont souvent exposés à des malaises incompatibles avec le traitement.

Pour tout médecin qui a passé à Saint-Sauveur les mois de juin, juillet, août et septembre, et qui a eu le soin d'observer attentivement tous les phénomènes atmosphériques et climatologiques, il ressort que la saison thermale doit commencer du 10 au 15 juin et se terminer au 20 ou 25 septembre.

La saison qui commence du 10 au 15 juin, et qu'on appelle première saison, offre certains avantages qu'il est utile de signaler, et que savent parfaitement apprécier les malades des départements circonvoisins.

D'abord, avant cette saison, l'établissement thermal ouvre ses portes, le 15 mai, à tous les habitants du département des Hautes-Pyrénées ; mais dès le début il n'y a guère que les indigents, qui, pour profiter de la gratuité des moyens balnéaires, arrivent en foule à Saint-Sauveur pour obtenir la guérison de leurs maux. Ces braves montagnards ne craignent pas de s'exposer aux vicissitudes atmosphériques, fréquentes à cette époque de l'année. Abrités sous leur manteau à capuchon, ils franchissent de longues distances pour jouir des bienfaits de la source de Saint-Sauveur. Pleins de confiance dans son action curative, ils abandonnent le foyer domestique, la famille, pour obtenir un soulagement à leurs maladies.

Et lorsque le moment du départ est arrivé, reconnaissants envers la vallée, qui, gratuitement, met à leur disposition l'établissement thermal, ils se rendent à la chapelle pour remercier Dieu d'avoir permis à cette source précieuse de verser son onde pour soulager leurs souffrances.

Au 15 mai arrivent en foule les artisans et les petits propriétaires des départements environnants, qui, à cette époque, jouissent de certains avantages, tels que logement et nourriture à bon marché et bains à prix réduits.

Les visiteurs sont nombreux; leurs costumes variés, leur prestance singulière, leurs physionomies particulières, font l'effet d'une mosaïque curieuse et intéressante à étudier. Ils donnent à Saint-Sauveur le mouvement et la vie; l'animation et l'espérance impriment à leurs visages l'expression de la joie et du bonheur. Ils sont venus à cette source merveilleuse pour y chercher remède à leur mal, et en s'en retournant ils emporteront la santé. Tous, sans exception, ont cette conviction intime, et bien peu sont trompés dans leur espoir.

Le commencement de juin voit apparaître quelques malades des départements plus éloignés, et Toulouse, Bordeaux, Mont-de-Marsan, etc., etc., envoient ceux qui, déjà venus à Saint-Sauveur, ont su apprécier par eux-mêmes la douceur du climat, la fixité de la température, la bonté de l'atmosphère et l'état clément du ciel. Ils savent très-bien qu'à cette époque la foule n'est pas compacte, que les loyers y sont à des prix modérés, que la table d'hôte y est délicate et variée, et qu'à l'établissement thermal on peut choisir son moment et son heure pour suivre un traitement balnéaire bien compris et bien dirigé. Quelques touristes, et des mieux avisés, qui ont déjà visité les Pyrénées, profitent aussi de ce moment pour entreprendre leurs excursions et jouir à leur retour du repos et du calme dont ils ont besoin.

Ils savent parfaitement qu'ils peuvent, sans aucun inconvénient pour leur santé, explorer les cîmes neigeuses des plus hauts pics, et sonder les profondeurs des précipices ; ils connaissent l'état probable de l'atmosphère, et, guidés par des signes infaillibles, ils ne craignent pas de se hasarder dans des entreprises audacieuses. Ils sont assurés d'un gîte commode, agréable et confortable, d'une table succulente et recherchée, toujours pourvue de ces truites du Gave si exquises, et d'une tranquillité absolue.

Pendant cette saison, qui est réellement la première

pour les baigneurs étrangers au pays, la température
se maintient toujours entre 18° et 20° le jour ; la nuit
elle ne descend pas au-dessous de 11° à 12°. Le vent
du sud-ouest n'y a pas encore cette influence fâcheuse
qu'il exerce pendant les mois les plus chauds. Les
orages sont extrêmement rares, et s'il survient quelques
jours de pluie, elle tombe doucement, sans violentes
bourrasques et sans jamais refroidir sensiblement
l'atmosphère.

Pour tous les baigneurs ou touristes qui ont sé-
journé à Saint-Sauveur pendant cette saison, du 15 juin
au 15 juillet, c'est une période des plus agréables aux
Pyrénées.

Il est à regretter que les écrivains thermaux aient
commis une erreur involontaire, en imprimant que
la saison balnéaire de Saint-Sauveur ne commence que
le 15 juillet pour finir le 15 septembre. Le corps médical a accepté de bonne foi ces indications venant
d'hommes spéciaux et exerçant près des stations thermales ; aussi ont-ils engagé leurs clients à ne fréquenter
les eaux minérales que pendant les mois de juillet et
août.

On doit en toute assurance modifier ces conclusions,
en affirmant de la manière la plus positive et la plus
consciencieuse que la saison qui commence le 15 juin
ne laisse rien à désirer sous aucun rapport.

Il n'y a rien à ajouter à ce qui a été dit et écrit sur
les saisons principales du 15 juillet au 15 septembre ;
mais ce qui est aussi utile à faire connaître, c'est qu'il
n'y a nul inconvénient à suivre le traitement thermal

jusqu'au 20, 25 et 30 septembre, suivant le temps qu'il fait. Lorsque les pluies commencent le 15, il faut se préparer à abandonner la station ; si elles ne tombent que le 20, il est prudent de cesser le traitement et de songer au départ"immédiat.

L'eau potable dont on fait usage à Saint-Sauveur comme boisson et pour les besoins domestiques jaillit de tous côtés. On la rencontre à chaque pas dans la montagne, dans les jardins, dans les promenades et dans les champs. Elle arrose constamment les bas côtés de ces routes sinueuses, creusées dans le marbre avec autant d'audace que de génie. Tantôt c'est un filet d'eau qui serpente dans une verte prairie, tantôt un torrent qui roule avec fracas ses eaux bouillonnantes ; ici c'est une cascade qui tombe en pluie de diamants ; un peu plus loin, c'est le murmure doux et cadencé d'un petit ruisseau.

Toutes les habitations de Saint-Sauveur, surtout celles construites du côté de la roche schisteuse, possèdent d'élégantes fontaines, qui sont alimentées par des courants de cette eau habilement captée. Ces fontaines coulent avec abondance et suffisent au delà des besoins journaliers de la maison.

Cette eau est claire, limpide, agréable, mais surtout d'une fraîcheur de glace, et, pendant les chaleurs des mois de juillet et août, elle expose ceux qui la boivent imprudemment et copieusement à des dérangements gastriques et intestinaux. Elle est aussi d'une sécheresse extrême, ce qui explique pourquoi elle n'éteint pas la soif des buveurs. Elle possède un autre défaut qui la rend lourde et difficile à digérer : c'est sa pureté et son trop grand degré d'oxygénation. Il lui manque une quantité notable d'acide carbonique, qui, en donnant un peu de légèreté et en altérant sa pureté, lui apporterait le contingent nécessaire aux eaux réputées potables de bonne qualité.

L'altitude où coule cette eau est un obstacle à ce qu'elle puisse dissoudre une quantité convenable d'acide carbonique. Il est démontré que ce gaz se dissout en quantité d'autant plus grande que la pression atmosphérique est plus forte.

Telle qu'elle est constituée, l'eau de Saint-Sauveur est indigeste pour les personnes délicates, nerveuses et *dyspepsiques;* et pour n'être pas fatigué par son usage, il est nécessaire, pour éviter des dérangements gastriques et intestinaux, d'y plonger avant de s'en servir, et quel que soit l'état de santé, un fer rougi à blanc, ou d'y placer une croûte de pain grillée.

Quelles sont les réactions chimiques qui s'opèrent pendant cette immersion? On n'est pas encore édifié sur le résultat obtenu; mais toujours est-il qu'avec l'une de ces deux précautions on prévient l'apparition des phénomènes qui se manifestent sans elles sur l'appareil gastro-intestinal.

Pour enlever à cette eau sa lourdeur et sa crudité, on peut aussi faire usage de sirops légèrement aromatisés, ou simplement de sucre ; avec ces adjuvants les buveurs n'ont rien à redouter de ses effets.

En mélange avec le vin, cette eau perd ses propriétés malfaisantes. Il est très-rare de constater un cas de dérangement abdominal chez les individus qui n'en ont fait usage qu'en mélange.

Une habitude essentiellement dangereuse, et dont il est bon d'avertir les baigneurs, est celle de donner pendant les plus grandes chaleurs de la saison thermale, aux commensaux des hôtels, des fragments de neige glacée, recueillis chaque matin sur la montagne. La neige, en fondant, abaisse bien sensiblement le degré de température du liquide avec lequel elle est en contact; mais elle lui donne certaines qualités négatives, telles que crudité, trop grande pureté et lourdeur. Il est rare si, dans le courant d'une saison, plusieurs personnes ne se trouvent pas subitement prises de coliques vives avec selles diarrhéiques, uniquement occasionnées par l'ingestion de cette boisson glacée.

Un autre écueil à signaler. Lorsque le temps permet une promenade du tantôt, il est rare de ne pas se trouver en transpiration, avec langue sèche et soif très-vive. On rencontre sur les bords de la route ou sur la montagne un filet d'eau claire, limpide, appétissante, qui tente par sa pureté et convie à se désaltérer. Cette eau, à un degré de température très-bas, peut de suite déterminer des coliques avec diarrhée. Un petit morceau de sucre, aromatisé avec la menthe, humecte la langue et débarrasse instantanément de la soif brûlante, en provoquant une sécrétion très-abondante des glandes salivaires.

Saint-Sauveur éprouve chaque année quelques secousses de tremblements de terre, dues aux convulsions intérieures de la croûte terrestre. De très-courte durée, on ne perçoit que quelques oscillations passagères, horizontales, sans jamais déterminer de phénomènes sérieux.

CHAPITRE V.

MODE D'EMLPOI DE L'EAU SULFUREUSE DE SAINT-SAUVEUR.

Lorsqu'un malade, sur les conseils de son médecin ordinaire, arrive à Saint-Sauveur , il cherche de suite un logement convenable, dans une position favorable, bien aéré et bien éclairé, et surtout meublé d'un bon lit. Aussitôt après son installation , il doit se rendre près du médecin qui lui a été recommandé.

Le médecin, après avoir interrogé avec soin le malade et examiné scrupuleusement les différentes raisons qui l'amènent aux eaux, l'engage généralement à garder un jour de repos absolu pour laisser aux organes le temps de se remettre des fatigues d'un long voyage.

La direction d'un traitement thermal , surtout en présence de certaines constitutions délicates , nerveuses, affaiblies , épuisées , est une chose extrêmement importante, et qui impose une grande responsabilité. La plus grande prudence doit toujours guider le praticien dans le choix des moyens à employer, et surtout dans leur agencement. Il est impossible de poser des règles fixes, invariables à une cure thermale, et les quelques préceptes qui vont suivre s'appliquent en général aux cas ordinaires, tout en réservant aux cas spéciaux les indications particulières que la pratique et la connaissance approfondie des effets de la source thermale suggèrent au médecin résidant.

Comme il a été dit plus haut, l'eau de Saint-Sauveur est conseillée en boisson, en gargarismes, en bains et en douches. Il est nécessaire, dès le début, d'instituer le traitement de manière à ce qu'il soit complétement suivi sans interruption. Il faut que le malade, qui abandonne ses affaires, et qui a hâte de rentrer chez lui, ne soit pas dominé par l'idée de commencer de suite par tout ce qui compose le système balnéaire ; il doit, en suivant les conseils du médecin traitant, se soumettre avec confiance à ses avis, et surtout ne pas trop précipiter la cure, pour éviter les accidents, qui, tout en forçant à suspendre le traitement, prolongeraient beaucoup son séjour à la station. Il est aussi indispensable de ne jamais dépasser les prescriptions soit de l'eau en boisson, soit du bain et des douches.

L'eau en boisson, surtout celle de l'établissement, devra être commencée à très-petite dose. Son odeur d'œufs couvis, sa saveur hépatique sont souvent des causes de répulsion invincible, et l'estomac, le plus souvent, la digérant mal dès le début, la repousse énergiquement si l'on veut aborder de front la quantité d'eau qu'il peut ingérer impunément après quelques jours de traitement. Il est donc indispensable, pour la sûreté de ce traitement, de commencer d'abord par un quart de verrée, le matin avant le déjeuner. Si cette faible dose éprouve de la difficulté à traverser l'estomac et détermine des nausées, on doit alors avoir recours à une préparation pharmaceutique susceptible d'établir la tolérance. Les sirops d'écorce d'oranges amères, de tolu, de groseilles, remplissent bien ce but. Lorsque cette quantité d'eau est bien tolérée et bien digérée, on arrive à l'administrer une seconde fois, et à la même dose, avant le repas du soir. Il est nécessaire de laisser un intervalle d'une heure entre la prise de l'eau et le repas.

Si ces doses de liquide ne produisent aucun dérangement, on élève par progression jusqu'à une verrée le matin et autant le soir. Avant d'atteindre cette quantité, il sera bon de supprimer, si faire se peut, les sirops, de manière à laisser à l'eau sulfureuse toutes ses propriétés curatives. On se borne généralement à la quantité de deux verrées d'eau minérale par jour; mais il est des cas où l'on doit la dépasser et la porter jusqu'à trois et quatre verrées. Ce maximum, pour être administré sans connaissance exacte de la constitution du malade ou de l'affection dont il est atteint, exige une étude approfondie de l'action de l'eau thermale sur les organes gastro-intestinaux. Au médecin traitant seul appartient de déterminer l'application de ce moyen aux cas spéciaux qui nécessitent son emploi.

Après l'ingestion de l'eau sulfureuse, le malade devra faire une petite promenade, afin de faciliter par une marche modérée sa digestion complète.

L'eau, qui se prend en boisson, coule dans deux vasques placés de chaque côté, à l'entrée de l'établissement. Celle de droite, qui a une température peu élevée, sera prise au début, et, aussitôt que la tolérance de l'estomac sera parfaitement établie, on abordera la buvette de gauche, qui vient directement du griffon, et qui marque 34° au thermomètre centigrade. Il faudra bien se garder de prendre cette eau en aussi grande quantité que celle de la buvette de droite: sa thermalité, son odeur, son goût pourraient amener certains accidents qu'il est nécessaire d'éviter. Le buveur usera des mêmes ménagements pour cette eau, et il devra bien faire attention aux phénomènes qui pourraient se manifester sous son influence.

L'eau sulfureuse est aussi employée en gargarismes. Pour cette opération, il est nécessaire que le liquide arrive bien jusqu'aux parties malades : la bouche, à demi remplie d'eau, après une longue inspiration, sera penchée en arrière, le liquide descendra jusqu'à l'isthme du gosier, où il rencontrera une colonne d'air que le patient fera monter des poumons dans la trachée-artère. Il se produit alors un bouillonnement continuel de 15 à 25 secondes, pendant lesquelles l'eau sulfureuse attaque les points malades. L'opération doit être renouvelée au moins trois fois dans la journée, et davantage suivant les besoins.

Pour combattre certaines affections pharyngées, on administre aussi l'eau thermale sous forme de douche en filet unique ; il est bon d'observer attentivement certaines conditions essentielles pendant l'opération, si l'on veut éviter des nausées, des soulèvements d'estomac, et parfois des vomissements. Au moment de prendre cette douche, et après s'être assuré que l'appareil fonctionne bien, on fait une grande inspiration, et aussitôt après on ouvre la bouche pour recevoir le filet d'eau : l'air accumulé dans les poumons pendant l'inspiration est doucement expulsé par la contraction des muscles thoraciques et diaphragmatiques ; il rencontre à l'ouverture glottique le liquide, qui a une tendance naturelle à tomber dans l'œsophage, et le maintient à cette ouverture jusqu'à ce qu'on soit obligé de cesser la douche par l'épuisement de l'air contenu dans les poumons.

La base du traitement thermal de Saint-Sauveur est le bain.

Toutes les baignoires de l'établissement ne jouissent pas du même degré de température, et c'est le point capital pour le malade et pour le médecin que l'administration sage, prudente et raisonnée de ce puissant moyen d'action.

En général, et sauf le cas d'absolue nécessité, le bain doit être pris le matin. A ce moment le malade jouit du calme que lui a procuré le sommeil ; les organes ne sont pas surexcités par les émotions qu'on éprouve le jour ; l'économie est moins impressionnable à l'action des bains, et les fonctions physiologiques sont encore pour ainsi dire à l'état de repos.

C'est le moment de la journée le plus propice pour prendre le bain avec avantage : on n'est pas gêné si l'on veut entreprendre quelques excursions et faire quelques promenades, qui sont indispensables à Saint-Sauveur pour rompre la monotonie du séjour et contempler les sites les plus grandioses de la chaîne centrale des Pyrénées.

La constitution du malade étant bien déterminée, et l'affection qui l'amène à la station étant bien caractérisée, le médecin doit chercher à concilier le remède thermal et la maladie qu'il doit combattre. Il faut des connaissances étendues et sérieuses sur les effets obtenus par l'usage des eaux, et surtout sur l'application qu'il est susceptible d'en faire dans l'intérêt du baigneur. La plus grande prudence est recommandée à tout médecin qui prescrit le bain, pour éviter certains mécomptes qui ne manquent pas de se présenter si l'on n'observe pas avec soin ces règles thermales.

Il faut juger du premier coup d'œil si le malade peut supporter un bain chaud ou bien tempéré, ou un bain à basse température ; si le bain doit être longtemps prolongé, ou s'il doit être très-court ; si l'organisme à traiter sera accessible plus ou moins vite à la réaction qui doit suivre le bain ; si, en un mot, on peut aborder franchement et sans hésiter un traitement thermal énergique ou modéré. Ce que le médecin doit surtout éviter, c'est d'avoir voulu trop tôt et trop vite faire suivre un traitement complet, alors qu'il aurait fallu le commencer par partie.

La température de l'eau du bain que le malade doit prendre sera basée sur son état physique : les sujets essentiellement nerveux et excitables ne pourront pas affronter le bain destiné aux constitutions lymphatiques, les rhumatisants seront dans l'impossibilité de rester dans une baignoire qui aura été préparée pour un herpétique, etc.

En thèse générale, et sauf les indications spéciales, comme il est admis que la puissance sédative que possèdent les eaux de Saint-Sauveur est due à la basse thermalité et à la matière organique désignée sous les différents noms de glairine, barégine, sulfuraire, saponine, il devient dès lors nécessaire de placer les eaux dans les conditions favorables au développement de ses importantes propriétés. Aussi dès le début du traitement, on est obligé de tâtonner un peu pour ne pas s'exposer à rétrograder ou à suspendre le traitement déjà commencé.

Les bains qu'on donne à Saint-Sauveur portent des numéros de convention, depuis le n° 1 jusqu'au n° 20. Les numéros commençant à l'aile droite donnent sur la terrasse, et par conséquent le n° 1 en est le plus éloigné. Ils se continuent ainsi en faisant le tour de l'établissement, jusqu'à l'aile gauche, du côté de la terrasse, et remontent ensuite dans la nouvelle galerie jusqu'aux cabinets de douches, qui sont les plus rapprochés des réservoirs.

Tous les cabinets alimentés par la même source, quoique desservis par les deux réservoirs, présentent des différences de température : les plus rapprochés du griffon reçoivent l'eau à la température native, tandis que les plus éloignés ne donnent l'eau qu'avec déperdition sensible de chaleur.

Tout traitement thermal, sauf quelques cas particuliers, commence par les bains à température assez basse, 25° à 26°. Les bains sont continués ordinairement pendant cinq ou six jours, et l'on passe ensuite aux bains à 27° ou 28° qui conduisent jusqu'à la fin du traitement.

L'action curative essentielle des eaux de Saint-Sauveur tient à leur basse thermalité ; et il est indispensable de chercher à maintenir le malade dans les bains qui le rapprochent le plus de 25°, et, en général, c'est après une saison suivie dans ces conditions qu'on constate des effets véritablement surprenants.

Les bains pris dans les cabinets les plus rapprochés du griffon, et qui marquent 34° centigrades, sont indiqués ou conseillés aux malades qui présentent une diathèse rhumatismale ou quelque affection du côté des voies urinaires.

La durée du bain varie suivant les indications fournies par les affections à traiter, et la susceptibilité nerveuse des malades.

En thèse générale, au commencement de la cure thermale, on doit prendre les bains de 12 à 15 minutes au plus, et surtout dans les cabinets où l'eau est donnée à 25°. Il ne faut jamais s'exposer, par un bain pris au delà des limites prescrites par le médecin, à éprouver un commencement de réaction pendant qu'on se trouve dans la baignoire. Il ne faut pas prendre pour de la réaction ce frissonnement qui s'empare de tout individu sortant d'un bain. Suivant que les premiers bains seront plus ou moins bien supportés, on augmentera la durée du quatrième en la portant à 15 minutes d'abord, puis progressivement jusqu'à 20, et l'on n'arrivera à 25 minutes que vers le douzième bain. On ira jusqu'à la fin du traitement en prenant des bains à la température appropriée, et de 25 minutes seulement.

Dans les cas particuliers, la durée des bains peut être portée jusqu'à 40 minutes ; il est alors nécessaire que le médecin surveille attentivement les phénomènes qui se produisent pendant des bains thermaux aussi longs, pour éviter des complications fâcheuses, qui ne manquent presque jamais de se manifester.

Lorsqu'un malade entre dans le bain, il est d'abord saisi par un frisson léger qui parcourt tout le corps ; après un instant de séjour dans la baignoire, il se sent plus à l'aise : les nerfs se détendent, la circulation s'accélère un peu ; un pouls battant 72 pulsations à la minute, après 7 à 8 minutes de bain , s'élève de suite à 78, 82 ; la peau est douce, onctueuse, souple ; il se dépose sur toute la surface du corps de petites bulles qui paraissent attachées à l'enveloppe cutanée, et qui au moindre mouvement se détachent et gagnent la surface du liquide, éclatent et se perdent dans l'atmosphère. Ces bulles sont constituées par du gaz azote contenu en grande quantité dans les eaux sulfureuses de Saint-Sauveur.

L'eau des baignoires est limpide, claire, très-légèrement opaline, d'une transparence de cristal, sans aucune trace de barégine, sulfuraire, ou saponine. Pour en constater la présence dans cette eau minérale , il faut qu'elle reste un certain temps exposée à l'action de l'air : il se produit une décomposition chimique qui isole cette substance végétale et la rend appréciable.

Un système d'injection est organisé dans chaque

baignoire , où les baigneurs , sans le secours d'une
main étrangère, peuvent seuls s'administrer ce moyen
puissant de curation.

Chaque individu, chaque constitution, chaque disposition spéciale et particulière, demande son mode particulier et spécial de traitement. Aussi est-il sage et
prudent de se placer immédiatement sous la direction
d'un homme de l'art, compétent, et qui présente aux
malades toutes les conditions désirables de savoir et
d'expérience ; par ce moyen on abrége la cure thermale, sans craindre de la voir enrayée par des accidents nécessaires et par des suspensions nuisibles
au succès du traitement.

Les douches minérales sont d'une importance réelle
dans le traitement thermal suivi à Saint-Sauveur. Il
faut réagir activement sur toute l'économie, et après
l'eau en boisson et le bain on doit, le plus souvent,
ajouter la douche qui convient aux cas particuliers
qu'on a à traiter.

Les douches sont administrées sous plusieurs formes, suivant les indications à remplir.

En première ligne figure la douche à jet unique et
à pression puissante. Le diamètre de l'ouverture qui
donne passage au jet varie, selon qu'on veut produire
une secousse violente et un massage énergique, et
dont on a besoin pour réveiller la vitalité assoupie sur
les parties soumises à la douche. La force du jet peut
être forte , modérée ou faible. Ces différents degrés
s'obtiennent en éloignant ou rapprochant de la partie
douchée l'orifice du tuyau.

L'eau qui sert à la douche vient directement du griffon ; elle a, par conséquent, la température la plus élevée qu'on peut obtenir à l'établissement de Saint-Sauveur : le thermomètre marque de 34°5 à 35° dans le cabinet.

La douche est directement appliquée, suivant les indications à remplir, sur la partie malade. Le jet est promené sur les régions qui avoisinent le point affecté, comme stimulant général de la peau et des tissus sous-jacents, et principalement des nombreuses ramifications nerveuses qui se distribuent à l'enveloppe cutanée.

Cette douche est dénommée sous le nom de grande douche, et employée dans les cas spéciaux.

En diminuant le diamètre du jet, on a la moyenne, et, en le rétrécissant encore, on obtient la petite, dont l'application et le mode d'administration sont les mêmes que pour la grande douche.

Les douches sont souvent administrées sous la forme de pluie, ou bien en pomme d'arrosoir, dont l'intensité de force varie, suivant qu'on se sert d'une lame criblée de trous plus ou moins grands et plus ou moins nombreux.

Le cabinet de douches renferme aussi une douche écossaise, froide et chaude alternativement, dont le mécanisme a été décrit plus haut.

Puis enfin, la douche froide, qui s'administre le plus souvent en pluie sur certaines parties du corps. La durée de la douche est généralement courte, et on ne doit employer ce puissant moyen de traitement qu'avec la plus grande circonspection. Du début dépendent souvent les résultats d'une cure thermale; aussi doit-on agir avec la plus grande prudence lorsque ce moyen est indiqué.

Les douches chaudes, à la température native de la source, ne doivent durer que cinq minutes les premières fois, et, suivant le degré de tolérance et de réaction, on les porte à 7, 8 et jusqu'à 10 minutes. Quand le malade ne se trouve pas fatigué par la douche de cette dernière durée, et que la réaction s'opère convenablement, on peut alors l'étendre jusqu'à 15 minutes, mais jamais au delà. En enfreignant cette règle, on s'expose à une réaction incomplète, qui se manifeste pendant sa durée, et l'on compromet ses résultats.

On doit tenir un compte sérieux de l'aptitude de certaines organisations et du degré de susceptibilité qu'elles présentent, pour conseiller le régime des douches. Les malades ne peuvent faire usage de ce moyen curatif que sur l'avis et sous la surveillance continuelle du médecin.

La douche ascendante est fréquemment administrée à l'établissement, en raison des nombreux cas qui nécessitent son emploi.

Chaque année, les malades atteints d'affections chroniques de la génération viennent, en nombre toujours croissant, chercher à Saint-Sauveur l'amélioration ou la guérison que produisent constamment ses eaux sulfureuses. Les succès assurés qu'on y obtient attirent pendant chaque saison un nombre de

baigneurs de plus en plus considérable. Indépendamment des vertus spécifiques des eaux de Saint-
Sauveur prises en boisson et sous forme de bains,
l'eau en douches vient compléter le système balnéaire
et contribuer puissamment aux succès inespérés que
les médecins constatent avec satisfaction.

La force de la douche peut être modérée, suivant les
besoins du traitement. C'est dans l'administration de
ce moyen énergique qu'il est nécessaire d'user des
plus grands ménagements et de la prudence la plus
réservée, pour ne pas donner à ces organes, si délicats
et si susceptibles, des secousses trop violentes, qui, au
lieu de produire les résultats désirés, seraient la source
d'accidents sérieux et quelquefois redoutables. Il est
de toute nécessité de se conformer strictement à l'observation régulière des prescriptions du médecin, con-
concernant l'emploi de la douche.

Les malades assez raisonnables pour suivre ses
conseils sont certains d'un soulagement prompt et
durable.

La douche ascendante est toujours de courte durée :
elle est prise de quatre à cinq minutes les premières
fois ; elle ne dépasse et ne doit jamais dépasser dix ou
douze minutes.

Les bains peuvent être pris à Saint-Sauveur à toute
heure de la journée, pourvu qu'ils ne coïncident pas
avec le moment des repas, ou que le moment de jouir
de la baignoire ne dérange pas l'habitude du régime
alimentaire. Cependant les bains que l'on prend dans
la journée sont généralement plus efficaces. Lorsque

le nombre des baigneurs force les nouveaux arrivants à accepter le tantôt ou le soir pour prendre leurs bains, ils doivent laisser un intervalle de trois heures entre le repas du matin ou du soir et le bain. Cette règle doit aussi être suivie pour la douche, quelle qu'elle soit. Le régime alimentaire doit venir en aide au traitement thermal : il est indispensable de s'abstenir de tout aliment excitant, irritant et d'une digestion difficile. Le café au lait doit être proscrit pendant la cure, ainsi que les salaisons et les épices. Le baigneur doit faire deux repas par jour : le matin, à dix heures et demie, et le soir, à six heures. A ces repas, il ne faut jamais charger l'estomac de manière à lui donner certaine fatigue pour digérer les aliments en excès. On doit observer aussi une grande discrétion dans le choix des liquides. Un vin vieux généreux, pas trop alcoolique, détrempé d'eau en suffisante quantité, doit être de préférence la boisson des repas. Le café et les liqueurs spiritueuses doivent être soigneusement mis à l'écart du régime.

Les promenades à pied, en voiture, à cheval, sont nécessaires pour stimuler un peu tous les organes de la vie de relation et de la vie de nutrition.

Les malades affaiblis, ou dans l'impossibilité de supporter la fatigue d'une petite promenade à la sortie du bain et de la douche, reviennent chez eux se mettre au lit, en ayant soin de ne pas se surcharger de trop de couvertures et garder le repos le plus absolu pendant deux heures environ, de manière à donner à la réaction le temps de se produire.

Telles sont les indications sommaires d'un traitement thermal à Saint-Sauveur. Il ne faut pas croire que ces règles peuvent être suivies par tous les malades, et, en raison de la différence des aptitudes diverses et des affections spéciales dont on peut être atteint, elles subissent à l'infini des modifications importantes qu'il est impossible de signaler, et dont le médecin traitant a seul l'unique direction.

La question des vêtements dont on doit faire choix pour suivre un traitement thermal aux Pyrénées a une importance assez sérieuse pour qu'il soit nécessaire de conseiller certains préceptes hygiéniques.

Tout baigneur doit chercher à se soustraire aux influences atmosphériques, susceptibles d'opérer un changement dans les fonctions respiratoires et dans les sécrétions sébacées de l'enveloppe cutanée. Pendant la saison thermale, l'atmosphère de Saint-Sauveur est toujours chargée d'une grande quantité de vapeur d'eau ; les matinées et les soirées présentent un abaissement assez marqué de la température et une différence sensible pendant le jour et pendant la nuit. Il est donc indispensable que les vêtements qui servent pendant ces différentes parties de la journée soient en rapport avec les variations dont on veut se garantir.

Lorsqu'on est obligé de sortir dès le matin, soit pour la boisson et pour le bain, il est nécessaire de faire choix de vêtements légers et en même temps chauds ; la tête et les pieds seront principalement garantis contre la fraîcheur humide de l'atmosphère, et le cou et la poitrine, suffisamment préservés des atteintes extérieures, seront à l'abri de ces variations de température, qui souvent occasionnent des irritations des bronches, et quelquefois de véritables inflammations ; les pieds seront chaussés de manière à ne pas ressentir l'humidité.

Les bains de Saint-Sauveur se prenant à une thermalité modérée, le changement n'est pas assez brusque pour, le plus souvent, causer de ces inflammations ; il faut néanmoins, en sortant du bain, se couvrir de manière à ce que l'air un peu plus froid de l'atmosphère ne produise pas sur la muqueuse bronchique et sur la peau une impression de froid qui ne manquerait pas de déterminer certains accidents.

Lorsque les baigneurs veulent entreprendre une excursion sur un des pics élevés de la chaîne, ou s'ils veulent visiter le cirque de Gavarnie ou de Troumouse, il ne faut pas oublier le pardessus, dont le besoin se fait sentir aussitôt qu'on atteint une certaine altitude. Il règne sur ces sites pittoresques un froid vif et pénétrant qui, si l'on n'était pas suffisamment vêtu, forcerait à rentrer grelottant à l'habitation.

CHAPITRE VI.

EAUX THERMALES SULFUREUSES.

Saint-Sauveur possède cinq sources d'eau thermale, qui appartiennent à la classe des sulfurées sodiques.

Ces sources sont les suivantes :

1° Source des bains, température. . .   35°
2°   —   de la maison Fabas. . . .   18°
3°   —   de la maison Dufau. . . .   23°
4°   —   du ruisseau Mensonger. . .   »°
5°   —   de la Hontalade. . . . .   22°

Sur ces cinq sources deux seulement sont exploitées : la source des bains et celle de la Hontalade.

Ces sources émergent des schistes et des caleschistes chlorités métamorphiques.

Les eaux sulfureuses de Saint-Sauveur ont été, à plusieurs époques, soumises à différentes analyses chimiques ; la plus récente est celle que M. le professeur Filhol a faite en 1855.

Voici le résultat de son opération :

Pour un litre d'eau sulfurée sodique M. Filhol a trouvé :

Sulfure de sodium. . . . . .   0^{g}0218
Chlorure de sodium. 0 0695
Sulfate de soude. 0 0400
Silicate de soude. 0 0704
    A reporter. . .   0 2017

Report. . .		0g2017
Silicate de chaux.		0 0062
Silicate de magnésie.		0 0031
Silicate d'alumine.		0 0070
Silicate de potasse. . .	Traces.	0
Matière organique.		0 0320
Iode.	Traces.	
Acide borique.	Traces.	

$$0\ 2500$$

De plus, elle contient une notable quantité de gaz azote.

Le débit de la source qui alimente l'établissement est de 145,000 litres par vingt-quatre heures.

Ces eaux sont classées parmi les sulfurées sodiques à cause de la prédominance de la soude et des sulfures et sulfates qu'elles contiennent en grande quantité.

D'après M. Fabas (*Nouvelles Observations*, 1852), les eaux de l'établissement de Saint-Sauveur sont vulnéraires, détersives, fondantes, savonneuses, antispasmodiques, toniques, diurétiques et dépuratives.

Le même auteur dit ailleurs que ces eaux sont douces, sédatives, hyposthénisantes. Ceci se rapproche davantage de la spécialisation des eaux de Saint-Sauveur, et peut servir à les mieux déterminer; et aux caractères généraux de la médication sulfurée, il faut ajouter qu'elles sont essentiellement sédatives.

Cette circonstance est tout à fait digne d'attention, disent MM. Durand-Fardel, Lebret et Lefort; elle dé·montre, suivant la remarque de M. Filhol, que le degré d'excitation produit par les eaux sulfureuses n'est pas en rapport direct avec la quantité de sulfure qu'elles renferment. Les eaux de Saint-Sauveur sont notablement sulfurées, et un bain de la Reine, à Luchon, mis à la température de 35°, contient moins de sulfure qu'un bain de Saint-Sauveur, et pourtant il est beaucoup plus excitant. (*Eaux minérales des Pyrénées*, 1853).

Les eaux de Saint-Sauveur sont très-sédatives, bien que cette propriété ne puisse être expliquée par la proportion de matières organiques qu'elles contiennent, ni par le degré de leur alcalinité.

Comment expliquer les propriétés éminemment sédatives des eaux de Saint-Sauveur? et comment se fait-il que des eaux sulfureuses possédant un degré inférieur de minéralisation soient excitantes, tandis que d'autres plus fortement minéralisées sont sédatives?

L'explication de ce phénomène repose en entier sur une série d'hypothèses, qui sont loin de satisfaire la raison : la basse thermalité de la source de Saint-Sauveur, la grande quantité de matières organiques que les eaux renferment, les combinaisons chimiques qui ne peuvent manquer de se produire par le contact de l'air ou des conduits, le dégagement d'électricité, qui se produit sous l'influence de certaines conditions particulières, etc., etc., tels sont les motifs invoqués.

L'analyse chimique apprécie à des quantités infinitésimales les sels inorganiques tenus en dissolution dans une eau minérale, évalue approximativement la matière organique suspendue sous toutes les formes dans ce même liquide; mais ce qu'elle ne peut ni définir ni apprécier d'une manière exacte, c'est le mode d'action différent de deux eaux minérales présentant à peu de chose près la même composition chimique.

Il est certains principes essentiels, certaines réactions chimiques, certains phénomènes de composition et de décomposition, opérés sous des influences inappréciables, qui échappent à tous les moyens connus d'investigation. La nature a des secrets encore impénétrables ; dans son laboratoire mystérieux, elle produit des combinaisons que l'intelligence ne peut découvrir. Puisant à pleines mains aux trésors enfouis dans les entrailles de la terre, elle réunit, condense, amalgame les éléments les plus divers, pour constituer un ensemble dont il est impossible de reconnaître et de séparer tous les principes.

Les eaux de Saint-Sauveur devinrent célèbres à leur découverte ; les cures remarquables qu'elles opérèrent sur monseigneur Lary, évêque de Tarbes, et sur l'abbé Bézégua, eurent un très-grand retentissement en France ; les personnages le plus haut placés honorèrent cette station thermale de leur visite.

Leur efficacité fut vantée dans la curation de presque toutes les affections ; sans se rendre un compte exact et raisonné de leurs propriétés, certains esprits exagérés voulurent en faire une panacée universelle.

Plus tard, des observateurs plus rigoureux cherchèrent avec le plus grand soin à préciser l'action de ces eaux et à limiter leur emploi, en établissant consciencieusement leur action curative dans le traitement de certaines affections spéciales.

Ainsi les eaux sulfurées sodiques de Saint-Sauveur possèdent des vertus réellement efficaces dans toutes les névroses, quelles que soient leurs causes.

En première ligne il faut placer l'épuisement, conséquence nécessaire de longues et graves maladies, de débauches, d'excès de travail du corps et de l'esprit, de chagrins profonds, de passions trop vives, etc., etc.

Par épuisement on doit entendre un abaissement progressif et perte complète des forces, entraînant avec lui un accablement général : faiblesse des jambes, allant jusqu'à refuser le service, respiration gênée, anxieuse, ventre resserré, évacuations nulles ou presque nulles, digestions pénibles et très-laborieuses, inappétence capricieuse, amaigrissement prompt, teint plombé, yeux cernés, voix voilée, intelligence obtuse. Tous les individus atteints d'épuisement ne sont pas affectés au même degré. La date du début, le commencement de la maladie, les causes plus ou moins immédiates, la force de résistance du sujet, sa constitution, le degré de force morale, sont autant de conditions qui peuvent modifier l'intensité de cet état morbide. Les causes de l'épuisement doivent être recherchées avec soin et déterminées avec précision.

Chez certains individus on rencontre des lésions organiques qui auront amené progressivement la faiblesse générale par défaut de nutrition. Chez d'autres, on constatera une santé parfaite des organes, mais il existera un dérangement fonctionnel. Quelques sujets présenteront une force de résistance qui ne sera pas en rapport avec le travail que certains organes doivent

6

opérer pour maintenir un équilibre parfait dans l'économie. Dans quelques cas, un état maladif expliquera exactement la dépression générale. Les différentes cachexies doivent figurer comme causes déterminantes dans la production des diverses affections qui peuvent amener l'affaiblissement général, soit qu'elles proviennent de l'hérédité ou qu'elles soient la conséquence de maladies spéciales. Tous les états morbides, conséquence de l'épuisement, et toutes les maladies qui sont les causes directes de cet état, trouvent à Saint-Sauveur un remède souverain qui, dans l'immense majorité des cas, amène une amélioration sensible, et plus tard une guérison assurée.

Les névroses, en général, qu'elles aient leur siége sur les organes de la vie de nutrition ou de relation, sont aussi victorieusement combattues.

Dans cette catégorie, on comprend les affections siégeant dans le système nerveux, respiratoire, circulatoire, digestif et musculaire.

Ainsi les névralgies, cérébrale, frontale, faciale, thoracique, précordiale, gastrique, intestinale, trouvent soulagement à Saint-Sauveur.

Les néphrites chroniques, les catarrhes vésicaux, cystites chroniques, les dysuries, les strauguries, disparaissent assez facilement par l'usage de l'eau thermale. Les gastralgies, les atonies gastriques, les inflammations chroniques des viscères abdominaux, trouvent dans le système balnéaire amélioration constante.

Les affections chroniques des organes générateurs, soit qu'elles aient leur siége sur le corps ou le col de l'utérus ou de ses annexes , les écoulements anormaux du conduit vaginal , les phénomènes hystériques qui souvent se manifestent comme expression des lésions organiques, sont certains d'une guérison à l'établissement thermal.

Certains rhumatismes à forme chronique, intéressant soit les articulations ou les muscles, sont aussi traités avec avantage.

La diathèse scrofuleuse, attaquant les sujets délicats et nerveux, ne trouve soulagement qu'à Saint-Sauveur.

La cachexie herpétique, et toutes ses manifestations, n'est fructueusement traitée qu'à la source sulfurée sodique de Saint-Sauveur.

Il ne serait pas difficile d'énumérer une foule d'autres affections qui ont trouvé guérison à cette station ; mais, comme elles peuvent se rattacher plus ou moins directement à la nomenclature ci-dessus énoncée, il est bon de ne pas donner une importance exagérée et des vertus curatives innombrables à l'eau de Saint-Sauveur, qui doit conserver sa spécificité comme eau sulfureuse sédative.

Les observations qui vont suivre, et qui toutes ont été recueillies pendant la saison thermale, ont été rédigées avec la plus rigoureuse exactitude.

PREMIÈRE OBSERVATION.

Métrite chronique, leucorrhée et accidents nerveux généraux très-intenses.

Mme ***, 32 ans, tempérament nerveux, réglée à 13 ans, d'une bonne santé habituelle, mariée à 19 ans, a fait deux couches très-heureuses. La troisième, arrivée à 29 ans, a été compliquée d'accidents éclampsiques assez intenses, qui se sont manifestés vers le cinquième mois de la gestation ; jusqu'au moment de l'accouchement il y a eu six attaques bien caractérisées.

Le début du travail s'est très-bien passé ; mais, aussitôt après la dilatation complète du col, et au moment où les douleurs expultrices se sont déclarées, une attaque convulsive éclampsique s'est manifestée avec une grande violence ; les contractions involontaires des muscles ont duré près de cinq minutes, et ont été remplacées par un coma assez profond.

Le médecin, mandé en toute hâte, a procédé à un accouchement artificiel qui a mis fin aux accès convulsifs. La convalescence a été un peu longue, et Mme *** s'est complétement remise, sans présenter de symptômes d'inflammation utérine.

Ce n'est qu'un an environ après cette dernière couche qu'elle a commencé à éprouver quelques chaleurs dans la région hypogastrique, avec un sentiment de pesanteur assez prononcé ; les règles ont continué d'apparaître à époque fixe, sans présenter de changements notables.

Un peu plus tard, les douleurs de reins se sont manifestées avec un dérangement gastrique marqué, les fonctions digestives s'opérant avec difficulté, et les excrétions se faisant péniblement.

Dans l'intervalle des époques, Mme *** s'est aperçue qu'une perte blanche tachait son linge ; un peu plus tard, ce liquide détermina une irritation très-vive, avec démangeaison vulvaire insupportable.

Ces accidents surexcitèrent le système nerveux, et Mme *** devint d'une susceptibilité extrême, éprouvant des peurs et des soubresauts au moindre bruit, au moindre mouvement insolite.

Le médecin ordinaire consulté, et jugeant par la nature des symptômes que le système générateur était atteint, proposa un examen qui fut accepté, et qui permit de constater un écoulement leucorrhéique, avec irritation de la muqueuse vaginale, et un engorgement chronique du corps et du col de l'utérus, l'état nerveux étant la conséquence de cette lésion.

Un traitement énergique fut conseillé et suivi pendant un temps assez long. Des cautérisations pratiquées sur le col n'amenèrent aucun changement favorable dans la position de Mme ***. On conseilla les eaux de Saint-Sauveur, où elle est arrivée le 2 juillet 1868.

Mme *** est examinée, et l'on constate une métrite chronique, avec engorgement du corps et du col de l'utérus; les lèvres sont tuméfiées, rouges; un liquide blanc jaunâtre très-abondant et bien lié humecte tout le canal vaginal, dont la muqueuse est d'une couleur rose foncé. La surexcitation nerveuse est très-prononcée; le moindre bruit détermine des soubresauts involontaires et de petits cris aigus suivis d'un tremblement général.

La face pâle et un peu fatiguée porte l'empreinte de la souffrance et du découragement; les yeux sont cernés; les muqueuses un peu pâles; la langue est large, humide, chargée à sa base d'un enduit jaunâtre, la pointe est rouge ; appétit presque nul ; soif assez vive ; digestions pénibles, difficiles et douloureuses ; soulève-ments d'estomac, avec nausées et vomissements ; consti-pation opiniâtre ; urines normales sans albumine ; res-piration profonde et bien rhythmée ; système circulatoire normal, sans bruit de souffle ; sommeil léger et agité.

Le traitement thermal est précédé de l'adminis-tration d'un purgatif au citrate de magnésie.

Mᵐᵉ *** prendra un quart de verre d'eau sulfureuse de l'établissement (buvette de droite), avec addition d'une cuillerée à café de sirop d'écorce d'oranges amères ; un bain de 12 minutes de durée à 25° cent. ; une in-jection vaginale pendant le bain. Une petite prome-nade sera faite à la sortie du bain. Régime doux, absten-tion de café sous toutes formes.

6 juillet. — L'eau en boisson est bien supportée, et le bain n'a pas paru trop froid. La réaction a été im-parfaite.

8 juillet. — Eau : demi-verrée le matin seulement.

Bain de 15 minutes, à 26°.

Injection vaginale pendant le bain.

10 juillet. — Eau : trois quarts de verrée le matin, un quart de verrée le soir.

Bain de 20 minutes, à 26°.

Injection vaginale.

Douche en pomme d'arrosoir sur les lombes, à 30°, de deux minutes de durée.

14 juillet. — Eau : une verrée le matin, une verrée le soir.

Bain de 25 minutes, à 26°.

Injection vaginale.

Douche de 4 minutes, à 30°.

16 juillet. — Mme *** mange avec assez d'appétit ; la digestion est plus facile et sans fatigue ; les selles sont assez satisfaisantes ; la promenade s'opère sans lassitude ; le sommeil est assez bon ; la susceptibilité nerveuse a sensiblement diminué, l'écoulement leucorrhéique est moins abondant ; la pesanteur du bas-ventre est beaucoup moins appréciable ; les forces reviennent.

L'époque menstruelle apparaît et force à suspendre le traitement.

20 juillet. — L'époque s'est passée dans de bonnes conditions, sans accidents nerveux, et permet la reprise du traitement le 21.

Eau : une verrée matin et soir.

Bain de 25 minutes, à 26°.

Injection vaginale.

Douche de 5 minutes, en jets multiples, sur les lombes.

Douche ascendante, à 30°, de 3 minutes de durée.

22 juillet. — Continuation des mêmes moyens.

Douche externe de 8 minutes.

Douche ascendante de 5 minutes.

24 juillet. — Douche externe de 10 minutes.

Douche ascendante de 8 minutes.

26 juillet. — Amélioration manifeste de tous les symptômes internes et externes.

Appétit bien développé, selles journalières, pesanteur du bas-ventre presque disparue, soubresauts

nerveux complétement amendés, leucorrhée considérablement diminuée, forces bien revenues : la malade
peut faire sans fatigue la route de Saint-Sauveur à
Luz et retour sans fatigue ; l'engorgement utérin a
perdu de son volume.

28 juillet. — Douche externe de 10 minutes.

Douche ascendante de 10 minutes.

30 juillet. — Continuation.

1er août. — L'état général de la malade est bon ; son
état local laisse peu à désirer.

3 août. — Mme *** est obligée de se rendre dans sa
famille pour affaire urgente ; elle quitte Saint-Sauveur
le 4 août, après un mois de traitement, après avoir
éprouvé une amélioration qu'elle n'osait espérer.

Cette observation, intéressante sous plusieurs rapports, donne une idée exacte de la propriété spéciale des
eaux de Saint-Sauveur.

Le sujet, essentiellement nerveux, atteint d'une affection dont le privilége est de surexciter tout le système
sensible, arrive à Saint-Sauveur pour suivre un traitement sulfureux.

Comment, avec une susceptibilité aussi développée,
aborder une cure thermale ? Il fallait connaître à fond
les propriétés sédatives de cette source pour oser tenter
l'entreprise, et cependant le résultat a comblé les espérances.

Le traitement, conduit avec tact et prudence, a
pu être suivi sans aucune espèce d'incident fâcheux.

Cette amélioration remarquable, obtenue dans un
laps de temps aussi court, est une preuve incontes-

table de l'efficacité des eaux, et surtout de leurs propriétés sédatives et résolutives.

Le changement notable constaté dans l'état général de la malade témoigne des principes fortifiants
et toniques que ces eaux contiennent.

2ᵉ OBSERVATION.

Engorgement de l'utérus, avec ulcération sur le col.

Mᵐᵉ *** est âgée de 29 ans ; d'un tempérament nerveux ; réglée à 14 ans. Elle s'est mariée à 20 ans ; sa
santé jusque-là a toujours été bonne. Ses parents, encore existants, jouissent d'une excellente santé. Sa première grossesse, venue à 22 ans, s'est très-bien passée,
sans autres accidents que quelques vomissements dès
le début. L'accouchement a été très-heureux, et les
suites de couches ont été satisfaisantes ; la convalescence fut courte. La seconde grossesse s'est déclarée
à 25 ans ; elle ne fut pas aussi heureuse que la première. Le début a été marqué par un dégoût très-
prononcé pour certains aliments ; des nausées et des
vomissements incoercibles survinrent et durèrent jusqu'à la moitié du terme de la gestation. Vers le cinquième mois, une hémorrhagie peu intense se déclare ;
elle cède à l'emploi de quelques astringents. Au sep-
tième mois, des douleurs lombaires insupportables se
manifestèrent, avec douleurs sciatiques dans le membre
pelvien gauche ; même œdème des jambes, et principalement de la gauche. Les douleurs persistèrent, malgré

l'emploi des moyens calmants les plus actifs, et continuèrent jusqu'à l'accouchement, qui fut très-court. La délivrance détermina une hémorrhagie qui ne présenta rien de sérieux, et les suites de couches eurent un cours régulier et normal.

Mme *** se rétablit assez promptement de son état puerpéral, et la santé revint vite remplacer son état de souffrance ; les règles apparurent deux mois après l'accouchement, dans de bonnes conditions ; la quatrième menstruation fut précédée de douleurs lombaires très-intenses, se propageant aux aines et à toute la région hypogastrique ; quelques contractions utérines vinrent éveiller le système nerveux et provoquer certains spasmes gastriques : l'apparition de l'écoulement sanguin mit fin à ces souffrances. Les époques suivantes furent marquées par les mêmes phénomènes, auxquels vint se joindre un sentiment de chaleur à l'utérus et à ses annexes ; après la cessation du flux cataménial, un écoulement d'un blanc laiteux apparut, et avec lui des tiraillements d'estomac, avec inappétence et sentiment de défaillance. Cet état persista pendant plus d'une année, et Mme ***, s'affaiblissant de plus en plus, se détermina à subir la visite interne, qui permit de constater une large ulcération du col de la matrice, avec engorgement prononcé. Une inflammation de la muqueuse vaginale donna l'explication de l'écoulement devenu leucorrhéique ; après plusieurs cautérisations et injections astringentes employées sans résultat appréciable, on conseilla à Mme *** l'usage des eaux de Saint-Sauveur, où elle arriva le 6 juillet

1868. L'examen au spéculum prouva la justesse du diagnostic porté par le médecin ordinaire.

On laissa un jour de repos avant de commencer le traitement thermal, qu'on fit précéder d'un purgatif léger salin neutre.

8 juillet. — Mme *** commence l'eau en boisson : un quart de verrée le matin.

Un bain de 10 minutes, à 26°.

9 juillet. — Eau de l'établissement, buvette de droite : un quart de verrée.

Bain de 12 minutes, à 26°.

10 juillet. — L'eau étant bien supportée par l'estomac, on conseille un quart de verrée matin et soir.

Bain de 15 minutes, à 26°.

Injection vaginale pendant le bain.

12 juillet. — L'eau est portée à une demi-verrée matin et soir.

Bain de 25 minutes, à 26°.

Injection pendant le bain.

Douche ascendante à 30°, de 3 minutes.

16 juillet. — Eau : une verrée matin et soir.

Cette grande quantité d'eau, relativement considérable, passe très-bien ; la malade a recouvré de l'appétit, les digestions s'opèrent bien, et les selles sont devenues un peu plus régulières ; le sommeil est assez bon, l'écoulement leucorrhéique a un peu diminué. Il s'est manifesté depuis la veille des douleurs de reins, qui se sont propagées à la région hypogastrique, avec agitation nerveuse générale ; l'écoulement vaginal est plus abondant, et Mme *** pense que c'est le flux cataménial qui veut apparaître, bien qu'il n'y ait pas plus de trois semaines que son époque soit passée, ce qui n'est pas son habitude ordinaire.

Suspension complète du traitement.

17 juillet. — Les règles sont apparues dans la nuit, et les douleurs qui les ont précédées ont à peu près complétement disparu, ainsi que l'agitation nerveuse.

Mme *** se trouve assez bien.

18 juillet. — Eau en boisson seulement.

20 juillet. — L'écoulement menstruel s'est très-bien opéré, et les bains peuvent être repris.

22 juillet. — Eau : une verrée matin et soir.

Bain de 25 minutes, à 26°.

Injection vaginale pendant le bain.

Douche ascendante, à 30°, de 5 minutes de durée.

Douche en arrosoir sur les lombes, de 3 minutes, à 30°.

23 juillet. — La réaction s'est très-bien faite, et le traitement balnéaire est très-bien supporté. Il est continué jusqu'au 31 juillet, avec quelques modifications dans la durée des douches.

1er août. — Mme *** quitte Saint-Sauveur dans un état d'amélioration manifeste : l'écoulement vaginal a complétement disparu. L'ulcération du col de l'utérus est parfaitement cicatrisée, l'engorgement utérin n'est plus appréciable, les douleurs lombaires ont cessé, et l'état général est très-satisfaisant. Les nuits sont bonnes, l'appétit bien développé, les selles journalières; les forces se sont relevées d'une manière très-sensible; les promenades, même un peu longues, se font sans fatigue, et le système nerveux est tout à fait rentré dans l'ordre ; la guérison peut être considérée comme positive.

Le sujet de cette observation offrait de grandes difficultés pour le traitement thermal; il a fallu beaucoup de prudence et de perspicacité pour le conduire et le mener à bonne fin. Le traitement a été entrepris avec toute la modération possible ; les différents moyens ont été abordés avec la plus grande réserve, de manière à ne pas trop heurter les organes soumis à l'influence de l'eau sulfureuse. L'eau en boisson, bien supportée dès le début, a pu être rapidement portée à son maximum, sans que l'estomac ait été un instant surexcité. Les bains, administrés avec mesure, ont bien donné les résultats qu'on attendait de leur administration. Les injections vaginales ont très-bien disposé l'organe utérin pour recevoir la douche ascendante. Cette douche , en activant la vitalité de cet organe , a imprimé au système générateur une·impulsion qui a favorisé la déplétion de cet organe, tout en modifiant les sécrétions morbides dont il était atteint. La cicatrisation de l'ulcération constatée sur la lèvre du col s'est bien opérée , sous l'influence de l'emploi simultané des injections et de la douche ascendante.

La douche externe a donné une activité plus énergique aux fonctions de la peau, tout en exerçant son action sédative sur les nombreuses expansions du réseau nerveux. L'action combinée de ces différents

moyens, avec les résultats obtenus par l'eau en
boisson, a procuré à la malade une amélioration
tellement manifeste et tellement rapide, qu'elle a
quitté Saint-Sauveur dans l'enchantement de ses eaux,
en se promettant bien d'y revenir l'année prochaine
pour y consolider sa guérison si bien commencée.

TROISIÈME OBSERVATION.

*Engorgement chronique du col de l'utérus — Accès
hystériques.*

Mme ***, 22 ans, d'un tempérament nerveux, d'une
excellente santé habituelle, réglée à 14 ans, et mariée
à 20 ans, devint enceinte l'année suivante. La grossesse
ne présenta rien de particulier jusqu'à l'époque de six
mois, où, à la suite d'une peur très-vive, elle éprouva
un accès convulsif intense, qui se termina par un coma
assez prolongé. Des soins intelligents et éclairés
triomphèrent de cet accident, dont la fin fut marquée
par un avortement qui se produisit huit jours plus
tard. Les suites de couches se passèrent assez bien ;
seulement Mme *** conserva un état de surexcitation
extrême : le moindre bruit déterminait des tremblements nerveux intenses dans tous les membres. Ce ne
fut que quelques mois après que se manifestèrent, à
l'époque menstruelle, des accès hystériques de mé-
diocre intensité. Le premier a été caractérisé par des
mouvements convulsifs des muscles de la face et des
membres : la bouche tirée de côté, les yeux fixés, les
pupilles cachées en haut sous la paupière supérieure,

face mobile et grimaçante, rétraction des muscles des bras, des avant-bras en pronation; les doigts cachés dans la paume de la main, tremblement convulsif de tout le corps. Mme *** se trouvait assise sur un canapé au moment de la crise ; elle est tombée la face sur un des coussins , et au moment de la chute on a constaté un peu d'écume à la bouche. L'accès s'est terminé par un coma assez profond qui a duré à peu près 15 minutes, et Mme *** n'a repris ses sens qu'environ deux heures après.

Ces accidents se déclarèrent plusieurs fois, et toujours aux environs de l'époque.

L'examen des organes générateurs au moyen du spéculum amena la constatation d'un engorgement du col de l'utérus.

On institua un traitement résolutif, qui ne put modérer les accidents , et Mme *** reçut le conseil de se rendre à Saint-Sauveur.

Mme *** arriva à Saint-Sauveur le 6 juillet 1868. Le traitement thermal commença, le 7, par un purgatif salin, qui produisit un excellent résultat ; le 8, un quart de verrée de l'eau de l'établissement , le matin seulement.

Bain de 10 minutes, à 28°.

9 juillet. — Demi-verrée d'eau sulfureuse le matin. Bain de 10 minutes, à 28°.

L'estomac digère l'eau avec difficulté; une pesanteur gênante existe à l'épigastre pendant une partie de la journée; l'appétit est presque nul ; sommeil agité ; constipation.

10 juillet. — Demi-verrée d'eau sulfureuse le matin. Bain de 12 minutes, à 27°.

Une colique gastralgique s'est manifestée dans la nuit du 10 au 11 juillet, accompagnée de nausées, de vomissements et de selles diarrhéiques. Un mouvement fébrile s'est déclaré à la suite de ces accidents, qui ont forcé à suspendre le traitement.

Calmants et antispasmodiques.

Les accidents gastriques et intestinaux cèdent sous l'influence de ces moyens curatifs ; Mme *** est dans un affaissement assez marqué qui nécessite un repos d'une couple de jours.

L'eau de l'établissement est remplacée par l'eau sulfureuse de Hontalade , et les bains sont repris à 26°, d'une durée de 10 minutes.

14 juillet. — Eau de Hontalade , demi-verrée le matin, et bain de 12 minutes, à 26°.

L'eau est bien supportée, et le bain détermine une sédation manifeste.

16 juillet. — Eau de Hontalade, demi-verrée matin et soir ; bain de 15 minutes, à 26°.

17 juillet. — Pendant la nuit, Mme *** est réveillée d'un profond sommeil par un violent mal de tête, avec nausées ; quelques douleurs lombaires et abdominales signalent l'approche de l'époque menstruelle. Dans la matinée il survient un léger accès d'hystérie, qui ne dure qu'un instant et qui est suivi d'un coma peu intense. Les règles font apparition, et dans l'après-midi la malade peut se lever.

Le traitement thermal est complétement suspendu.

21 juillet. — Reprise du traitement.

Eau de Hontalade, demi-verrée matin et soir.

Bain de 15 minutes, à 26º.

22 juillet.— Eau de Hontalade, trois quarts de verrée matin et soir.

Bain de 18 minutes, à 26º.

23 juillet. — Eau de Hontalade, une verrée matin et soir.

Bain de 20 minutes, même température.

Injection vaginale pendant le bain.

Douche en pomme d'arrosoir, à 30º, de 3 minutes, sur les lombes.

Douche ascendante de 3 minutes, à 32º.

24 juillet. — Eau *ut supra*.

Bain de 15 minutes.

Injection vaginale pendant le bain.

Douche sur les lombes, de 5 minutes.

Douche ascendante de 5 minutes.

Ce traitement est très-bien supporté, l'appétit est bien developpé, l'état local est satisfaisant, et l'état général s'est sensiblement amélioré.

25 juillet. — Eau de Hontalade, une verrée matin et soir.

Bain de 25 minutes.

Injection pendant le bain.

Douche sur les lombes, de 8 minutes.

Douche ascendante de 8 minutes.

26 juillet. — Continuation du traitement.

Douche de 10 minutes, de durée.

28 juillet. — Les résultats du traitement sont des plus satisfaisants. La malade mange avec appétit; le sommeil est bon, sans rêvasseries; les fonctions sont revenues à peu près à l'état normal. La surexcitabilité nerveuse a sensiblement diminué; le moindre bruit ne lui donne plus de ces tremblements, de ces peurs qui la mettaient hors d'elle. Les forces se sont bien développées, et une promenade à pied d'une heure est supportée sans fatigue; une course en voiture de deux heures est faite avec plaisir. Les douleurs lombaires et hypogastriques ont perdu beaucoup de leur intensité.

Bain à 26°, de 30 minutes.

Douche de 15 minutes.

Douche froide d'eau minérale, de 1 minute de durée, sur la région lombaire.

29 juillet. — La réaction, après la douche froide, a été complète; le traitement est continué sans encombre jusqu'au 8 août, époque à laquelle Mme *** quitte Saint-Sauveur, après avoir éprouvé une amélioration manifeste dans sa position.

Cette observation, recueillie avec le plus grand soin, donne une preuve certaine de l'efficacité des eaux de Saint-Sauveur dans le traitement des congestions chroniques de l'utérus. Les accidents hystériformes qui se sont déclarés quatre mois après l'avortement doivent être attribués à un état congestif permanent, prenant de l'intensité aux époques menstruelles. Les symptômes généraux, conséquence de ces dérangements fonctionnels, pouvaient inspirer des craintes assez sérieuses sur la marche, la durée et la gravité des désordres des organes génitaux. L'état de surexcitation nerveuse qui s'était manifesté avec une grande intensité était de nature à tenir le médecin sur ses gardes. Aussi, en arrivant à Saint-Sauveur, Mme *** fut étudiée et observée avec le plus grand soin, afin de ne pas, par un traitement trop énergique, être exposée à des accidents thermaux qui n'auraient fait qu'aggraver sa position. La plus grande prudence fut employée dans la direction de ce traitement, et les résultats obtenus ont, on peut le dire, dépassé toutes les espérances qu'on avait pu concevoir. Tous les symptômes morbides se sont graduellement effacés sous l'influence des moyens employés avec la plus grande réserve, et la guérison peut être considérée comme radicale.

Quatre mois après le départ de Mme *** de Saint-Sauveur, sa guérison ne s'était pas démentie. Il ne s'était manifesté aucun accès hystérique, et toutes les fonctions s'opéraient régulièrement. Les forces sont revenues avec l'appétit, et la gaîté la plus vive a succédé à la mélancolie, compagne inséparable des accidents génito-urinaires.

QUATRIÈME OBSERVATION.

Ovarite gauche, accidents nerveux consécutifs à un engorgement du corps de l'utérus. — Anémie.

Mme ***, 27 ans, d'une bonne santé habituelle, tempérament essentiellement nerveux, réglée à 15 ans, mariée à 21 ans. Pendant les trois premières années de mariage, la santé se maintint excellente ; ce ne fut qu'au début de la première grossesse qu'il se manifesta quelques malaises insignifiants, auxquels on ne prêta aucune attention. Arrivée à mi-terme, ces malaises disparurent complétement, et tout se comporta très-bien jusqu'à l'accouchement, qui fut très-rapidement et parfaitement accompli. Les suites de couches se passèrent convenablement jusqu'au quatrième jour, où Mme *** éprouva un frisson très-intense, suivi bientôt d'un accès de fièvre très-prononcé ; en même temps il survenait dans la fosse iliaque gauche une douleur très-vive ayant son siége principal sur une partie très-limitée, offrant un peu de résistance à la pression, qui y déterminait des douleurs beaucoup plus vives.

La fièvre continua quelques jours, et, avec le frisson initial, le point sensible se dessina plus franchement : une tumeur, du volume d'un œuf de poule, est manifestement constatée dans l'ovaire gauche, molle, *fluctuente*, avec douleurs lancinantes. La tumeur s'ouvrit dans la trompe de Fallope, et le pus pénétra dans la cavité utérine et s'écoula par le museau de tanche dans le conduit vaginal. La suppuration continua pendant plus de huit jours, en perdant chaque jour un peu de quantité.

Mme *** s'est remise de cette affection, tout en conservant une tuméfaction de l'ovaire, avec douleurs erratives dans l'aine et le membre pelvien gauche.

La malade est restée en proie à une faiblesse générale très-grande, avec mouvements fébriles assez fréquents. Les règles cessèrent d'apparaître, et tout le cortége des symptômes de la chloro-anémie ne tarda pas à se manifester. Des sueurs très-abondantes se montraient à la moindre fatigue, qui amenait aussi une oppression intense accompagnée de battements de cœur violents ; l'appétit disparut presque complétement pendant qu'une constipation opiniâtre résistait aux moyens simplement hygiéniques.

Tous ces phénomènes déterminèrent une irritabilité excessive du système nerveux ; la nuit amenait des cauchemars insupportables pendant un sommeil agité et souvent interrompu. Le plus léger bruit, l'émotion la moins vive donnaient des battements de cœur précipités et un tremblement convulsif dont on ne pouvait être maître. Un amaigrissement profond suivit de près l'apparition de tous ces symptômes.

La tumeur ovarique persista dans sa sensibilité et son volume. Mme *** éprouva un sentiment de pesanteur dans le bassin, et bientôt de fréquentes et illusoires envies d'uriner, phénomène occasionné par une congestion du corps utérin. Des douleurs lombaires rendaient la station presque intolérable. C'est dans ces conditions que Mme *** arriva, sur les conseils de son médecin, à Saint-Sauveur pour y suivre un traitement thermal.

L'examen de la malade permit de constater une tumeur ovarique gauche, du volume d'un œuf de poule, douloureuse à la pression ; un engorgement du corps de l'utérus, dont le col est entr'ouvert et donne issue à une leucorrhée abondante et irrégulière ; dépression considérable des forces ; bruit de souffle dans les artères carotides ; excitabilité nerveuse exquise ; appétit nul ; sommeil très-rare et très-agité ; constipation opiniâtre.

Diagnostic : tumeur ovarique gauche, congestion du corps de l'utérus, aménorrhée, excitabilité nerveuse.

18 juillet.— Un purgatif magnésien est administré : il produit un bon effet.

19 juillet. —Un quart de verrée d'eau sulfureuse de l'établissement et un bain de 10 minutes, à 26°.

L'eau sulfureuse a été rendue après plusieurs nausées qui ont beaucoup fatigué la malade. On conseilla l'eau de Hontalade.

20 juillet. — Un quart de verrée d'eau de Hontalade, édulcorée avec le sirop d'écorce d'oranges amères.

Bain de 10 minutes, à 26°.

21 juillet. — L'eau de Hontalade a été très-bien supportée ; elle est administrée à la dose d'un quart de verrée le matin et le soir.

Bain à 26°, de 12 minutes.

Eau sulfatée ferrugineuse de Saligos au repas, en mélange avec le vin.

Bain de 15 minutes à la même température.

Injection vaginale pendant le bain.

24 juillet.— L'eau de Hontalade, portée à une verrée le matin et le soir, est très-bien supportée.

Le bain à 26° est donné de 20 minutes de durée.

L'eau de Saligos est prise sans répugnance, et l'injection vaginale paraît réveiller la vitalité des organes générateurs. L'appétit commence à se développer ; le sommeil, encore lourd, est un peu plus calme ; l'écoulement leucorrhéique est un peu moins abondant.

28 juillet. — Le traitement thermal est suivi dans son entier.

Bain à 26°, de 25 minutes.

Injection pendant le bain.

Une douche d'eau minérale à 22° est administrée en jet sur la région lombaire, pendant 3 minutes, sans déterminer aucun accident nerveux.

30 juillet. — Bain de 30 minutes.

Injection vaginale.

Eau de Hontalade : une verrée matin et soir.

Eau de Saligos au repas.

Douche en jet sur les lombes, pendant 5 minutes.

La réaction s'est très-bien opérée : Mme *** peut supporter une petite promenade de 500 mètres sans éprouver de sueurs ni de fatigues. L'appétit se développe de plus en plus, le sommeil est meilleur, le système nerveux est plus calme.

1er août. — Bain de 30 minutes, à 26°.

Injection pendant le bain.

Douche ascendante à 32°, de 5 minutes de durée, avec un faible jet.

Douche d'eau minérale froide à 12°, sur les régions lombaire et ovarique gauche, de 1 minute de durée.

Mêmes boissons.

Réaction franche après la douche. Sentiment de bien-être.

La douche ascendante est successivement portée à

15 minutes. La douche minérale froide est supportée
jusqu'à 5 minutes, puis jusqu'à 8.

15 août. — Mme *** éprouve une amélioration très-
sensible.

La tumeur ovarique a diminué de volume ; le poids
du corps de l'utérus n'est presque plus appréciable
pendant la marche et la station. L'écoulement vaginal
a presque complétement disparu ; l'irritabilité nerveuse est tout à fait dissipée ; l'appétit est bon, l'estomac digère sans difficulté ni fatigue les aliments de
toute sorte. Les selles ont pris un cours régulier ; les
besoins de la mixtion ne se font sentir qu'à des intervalles très-éloignés ; le sommeil dure de 5 à 6 heures
chaque nuit ; les cauchemars se sont évanouis ; les
forces revenues permettent des promenades fréquentes
et assez longues sans déterminer d'oppression. Le
bruit de souffle artériel a complétement cessé. L'état
général est très-satisfaisant.

Le traitement est continué jusqu'au 21 août, époque
à laquelle Mme ***, enchantée du soulagement qu'elle a
obtenu, quitte Saint-Sauveur, convaincue qu'une autre
saison passée aux Pyrénées lui ramènera la santé aussi
florissante qu'avant la maladie dont les suites ont nécessité le traitement thermal.

. · .

Mme ***, d'une irritabilité nerveuse, arrive à Saint-
Sauveur, atteinte d'une affection qui pouvait être considérée comme multiple dans ses effets, pour y suivre
un traitement thermal très-compliqué. En présence
d'une malade aussi délicate, aussi impressionnable, il

fallait user des plus grands ménagements pour mener le traitement à bonne fin, sans entraves et surtout sans accidents. La cure suspendue pouvait amener un résultat négatif. Tous les moyens, employés avec la plus grande prudence, ont été très-bien supportés, et ont donné à tous les organes affectés l'activité vitale qui leur manquait. Les fonctions assoupies ont retrouvé l'énergie dont elles étaient privées depuis un certain temps, et la santé s'est graduellement reconstituée sous l'influence du traitement balnéaire.

Le sujet de cette dernière observation, arrivé à un degré très-prononcé de faiblesse et de dépérissement, présentait une surexcitabilité nerveuse exagérée. Les désordres constatés principalement sur l'organe générateur et son annexe pouvaient faire supposer une altération dans leur contexture et, comme conséquence, des dérangements fonctionnels d'une certaine gravité. Le traitement thermal, institué d'abord plutôt à titre d'essai que comme moyen curatif, devait donner la mesure de l'action de l'eau minérale sulfureuse sur cette nature essentiellement nerveuse. Le résultat a comblé toutes les espérances, et a donné une fois de plus la preuve de la puissance sédative de la source de Saint-Sauveur. Sous son influence, les désordres organiques et fonctionnels se sont amendés, et les phénomènes consécutifs sont graduellement revenus à l'état normal. L'adjonction de l'eau sulfatée calcique ferrugineuse de Saligos a prêté un concours actif à la cure thermale, en donnant au sang certains principes essentiels qui lui manquaient.

L'hydrothérapie minérale a aussi puissamment contribué, dans les limites de son pouvoir, à donner à la
peau la vitalité nécessaire pour remplir ses fonctions
multiples. Tous ces moyens, agencés convenablement,
et prudemment combinés, ont amené une amélioration tellement manifeste, que la malade ne pouvait y
croire et qu'elle était même loin d'ambitionner, surtout
après une première cure thermale.

CINQUIÈME OBSERVATION.

*Herpes.— Acné rosacéa. — Engorgement du col utérin
avec abaissement.*

Mme ***, 37 ans, réglée à 13 ans, présentant les
signes de la diathèse herpétique, dont tous les frères
et sœurs offrent des traces évidentes, est atteinte d'un
acné rosacéa invétéré du visage, datant d'un certain
nombre d'années, et d'un engorgement du col utérin
avec un léger abaissement. Une sécrétion catarrhale
assez abondante existe depuis le commencement de cette
affection, qui remonte à deux ans. La malade éprouve
à la moindre marche, à la moindre fatigue, des douleurs dans les reins, les aines et les cuisses ; elle est
alors obligée de s'arrêter. Pendant les époques menstruelles, ces douleurs sont beaucoup plus vives et la
forcent à garder le lit.

Mme *** arrive à Saint-Sauveur le 17 août, dans un état
de faiblesse extrême. La fatigue du voyage a déterminé
une exacerbation des douleurs. L'appétit est presque
nul, les digestions sont difficiles, la constipation opi-

niâtre, le sommeil très-agité. Le flux catarrhal a pris un développement très-abondant.

L'examen des organes générateurs permet de constater une irritation sur la membrane muqueuse du canal vaginal, avec engorgement du col utérin.

L'acné rosacéa est intense, et sur les différentes parties du corps on rencontre quelques bulles herpétiques disséminées.

Avant d'aborder le traitement thermal, on administre un purgatif magnésien, qui produit un excellent résultat.

20 août. — Eau de l'établissement, buvette de droite : demi-verrée le matin seulement.

Bain de 10 minutes, à 26°.

21 août. — Eau : demi-verrée matin et soir.

Bain de 15 minutes, à 26°.

Injection vaginale pendant le bain.

L'eau sulfureuse en boisson est bien supportée ; il convient d'en porter la dose au maximum, pour obtenir une modification dans la diathèse herpétique.

22 août. — Eau : trois quarts de verrée matin et soir.

Bain de 20 minutes, à 26°.

Injection vaginale pendant le bain.

23 août. — Eau, une verrée le matin, trois quarts de verrée le soir.

Bain de 25 minutes, à 26°.

Injection vaginale pendant le bain.

24 août. — Eau : une verrée matin et soir.

Bain de 30 minutes, à 26°.

Injection vaginale pendant le bain.

Le traitement thermal est bien supporté, et Mme *** éprouve déjà certaines améliorations qu'il est utile de constater : l'appétit est bien développé, la constipation a presque complétement disparu, le sommeil est bon. La fatigue ne détermine pas de douleurs aussi vives. Une promenade de 500 mètres ne nécessite pas de repos. L'écoulement catarrhal a perdu de son intensité ; le col présente à peu près le même degré d'engorgement. Les bulles herpétiques disséminées sur la peau arrivent à cicatrisation.

Pour stimuler la vitalité sur l'organe utérin, on pratique un badigeon avec la teinture d'iode.

26 août.— Eau : une verrée matin et soir.

Bain de 30 minutes, à 26°.

Injection vaginale pendant le bain.

Douche minérale en pomme d'arrosoir, à 30°, sur la région lombaire, de 5 minutes de durée.

28 août. — Continuation, en prolongeant la durée de la douche jusqu'à 12 minutes.

5 septembre. — Mme *** éprouve des douleurs lombaires et hypogastriques avec lassitude générale. Le moment de l'époque est arrivé, et, dans la journée, le flux cataménial apparaît. Suspension du traitement thermal.

8 septembre. — L'époque s'est assez bien passée ; Mme *** se trouve beaucoup moins fatiguée que d'habitude. Le traitement peut être recommencé le lendemain.

9 septembre. — Eau sulfureuse de l'établissement, buvette de gauche, une verrée matin et soir.

Bain de 30 minutes, à 26°.

Injection vaginale pendant le bain.

Douche ascendante de 5 minutes, à 32°.

Douche en jet de 5 minutes, à 26°, sur les lombes.

12 septembre — Douche ascendante de 10 m., à 32°.

Douche en jet sur les lombes, de 10 minutes, à 26°.

Boisson et bain.

15 septembre. — Mme *** se trouve très-bien de la reprise du traitement. L'appétit est bon ; les digestions s'opèrent facilement ; les selles sont devenues régulières ; le sommeil est calme, de bonne durée ; les forces sont revenues, et une promenade d'un kilomètre est faite sans fatigue. L'exercice ne provoque plus les douleurs lombaires, ni celles des plis de l'aine et des cuisses ; la gaîté a reparu sur le visage, longtemps attristé : Mme *** est dans le ravissement de son traitement.

L'écoulement catarrhal a complétement disparu, et l'engorgement du col utérin s'est sensiblement amendé sous l'influence des douches minérales ascendantes et de la teinture d'iode, qui a été appliquée en badigeon tous les deux jours.

20 septembre. — Continuation de la boisson, des bains, des injections et de la douche ascendante. La douche externe a été administrée froide, mais avec l'eau minérale. La réaction s'est très-bien opérée, et Mme *** s'est sentie bien stimulée sous son influence.

24 septembre. — Mme *** quitte Saint-Sauveur, au regret de n'avoir pu y arriver que le 20 août, et

persuadée qu'une seconde saison thermale l'aurait complétement et radicalement guérie.

. * .

Mme ***, depuis plusieurs années, était souffrante. Des douleurs dans les reins, les aines et les cuisses, se déclaraient à la moindre marche ; les époques menstruelles s'accompagnaient constamment d'un malaise tellement intense, qu'il lui fallait garder le lit quatre à cinq jours. La diathèse herpétique, des plus manifestes, était caractérisée par un acné rosacéa et des bulles disséminées sur tout le corps. L'état général laissait beaucoup à désirer : pas d'appétit ; digestions pénibles, laborieuses ; constipation opiniâtre ; sommeil presque nul, accompagné de rêvasseries fatigantes.

L'engorgement du col utérin, et comme conséquence l'écoulement catarrhal qui s'est déclaré, a contribué à l'affaiblissement de la malade.

Le traitement institué pour combattre ces accidents anciens, et principalement la diathèse herpétique , devait avoir pour but de modifier l'état général, tout en attaquant les accidents locaux. L'eau sulfureuse en boisson, bien supportée dès le principe, a dû être portée au maximum, pour développer l'appétit d'abord et faciliter ensuite l'absorption des principes minéralisateurs. Les bains, à une température peu élevée et d'une durée raisonnable, ont favorisé de leurs propriétés sédatives la tolérance de l'eau sulfureuse ; les douches internes et externes, en stimulant la vitalité des organes de la vie de relation, sont venues apporter leur contingent curatif au système balnéaire. Ces différents moyens, prudemment combinés, ont amené un résultat inespéré, en ce sens qu'on ne pouvait compter sur un amendement aussi complet, sur une amélioration aussi grande, en présence d'une diathèse aussi manifeste.

L'action puissante de l'eau sulfureuse de Saint-Sauveur a reçu une sanction éclatante dans le sujet de l'observation précédente, en y opérant une cure des plus remarquables ; car sous l'influence du traitement thermal, l'acné rosacéa a perdu beaucoup de son acuité, de la vivacité de sa coloration , et l'amélioration constatée au visage donne la certitude de la possibilité d'une guérison radicale.

L'hydrothérapie minérale, associée aux moyens ordinaires qui constituent le traitement thermal, en stimulant la vitalité de la peau qui correspond aux régions occupées par les organes malades , a été d'un grand secours et a puissamment contribué à l'amélioration de l'état de la malade. Les réactions multiples obtenues par cette dérivation importante ont facilité la déplétion de l'organe gestateur.

SIXIÈME OBSERVATION.

Prolongement hypertrophique du col de l'utérus. — Catarrhe utérin. — Diathèse herpétique.

Mme ***, 26 ans et demi, réglée à 13 ans et demi, mariée à 21 ans, d'une bonne santé habituelle : les époques menstruelles sont irrégulières et très-abondantes. Elle est atteinte depuis une couple d'années d'une

leucorrhée intense, qui reconnaît pour cause un catarrhe utérin, qui paraît intimement lié à une diathèse
herpétique très-prononcée, accusée par des groupes
de bulles herpétiques disseminées sur le corps. De
plus, Mme *** présente des granulations pharyngées,
dues évidemment à la même cause. Il existe enfin un
prolongement hypertrophique du col utérin, qui peut
parfaitement expliquer la stérilité.

La santé générale est bonne, l'estomac excellent, le
sommeil calme et profond.

Mme *** n'a connu dans ses ascendants personne qui
ait présenté la diathèse herpétique.

L'examen attentif de Mme *** confirme en tous
points les renseignements donnés par le médecin ordinaire ; et, en présence d'une diathèse aussi prononcée
et aussi manifeste, on n'hésite pas à commencer le
traitement sulfureux d'emblée, l'avancement de la saison thermale devant faire craindre une terminaison
prématurée.

28 août. — Eau sulfureuse de l'établissement, buvette de gauche, une verrée le matin, demi-verrée le soir.

L'estomac étant dans de bonnes conditions, l'eau
peut être portée de suite à cette dose.

Eau de la même buvette en gargarisme trois fois le
jour.

Bain de 15 minutes, à 26°.

Injection vaginale pendant le bain.

Dans le but de porter une atteinte directe sur l'hypertrophie du col de l'utérus, on pratique un badigeon
à la teinture d'iode.

29 août. — Eau de la source de l'établissement, une verrée matin et soir.

Gargarisme avec le même liquide.

Bain de 20 minutes, à 26°.

Injection vaginale.

30 août. — Eau : une verrée matin et soir.

Gargarisme.

Bain de 25 minutes, à 26°

Injection vaginale.

Badigeon à la teinture d'iode.

1er septembre. — Apparition des menstrues ; suspension du traitement en entier.

5 septembre. — Les règles ont été très-abondantes ; leur cessation permet de reprendre les moyens interrompus.

Eau en boisson ; gargarisme ; bain et injection.

Badigeon à la teinture d'iode.

8 septembre. — Continuation des mêmes moyens ; le bain est pris à 26° et de 35 minutes de durée.

Douche externe à 30° , en jet unique , sur la région lombaire, de 5 minutes de durée.

10 septembre. — Eau sulfureuse matin et soir , une verrée et demie.

Gargarisme, trois fois le jour.

Bain de 35 minutes, à 26°.

Injection vaginale.

Douche externe à 30°, de 10 minutes.

Douche ascendante de 5 minutes, à 30°.

Badigeon à la teinture d'iode.

12 septembre. — L'écoulement leucorrhéique a

perdu de son abondance ; les bulles herpétiques se sont affaissées: elles présentent une tendance marquée à la cicatrisation. Le prolongement hypertrophique du col de l'utérus n'a pas subi de changement appréciable. L'état général de la malade est très-satisfaisant.

15 septembre. — Eau sulfureuse : trois verrées dans la journée.

Gargarisme ; bain de 35 minutes, à 26°.

Injection vaginale.

Douche externe en arrosoir, de 15 minutes, sur le corps.

Douche ascendante de 15 minutes.

Badigeon à la teinture d'iode.

20 septembre. — Les groupes de bulles herpétiques ont complétement disparu. Les granulations pharyngées sont dissipées ; l'écoulement leucorrhéique a cessé. Il n'y a que l'hypertrophie du col utérin qui persiste, bien qu'on puisse constater une légère diminution. L'amélioration est manifeste, et Mme *** doit rester à Saint-Sauveur jusqu'à la fin du mois, si l'état de la température le permet.

Le sujet de cette observation portait les signes manifestes de la diathèse herpétique, caractérisée par des groupes de bulles disséminés sur toute la surface du corps ; des granulations pharyngiennes reconnaissant la même cause gênaient considérablement la déglutition, et un écoulement catarrhal ayant son siége sur le col utérin et la muqueuse vaginale était évidemment la conséquence de cet état constitutionnel.

Le traitement sulfureux complet a dû être appliqué *a priori* en vue de modifier l'état général, tout en attaquant directement les symptômes locaux.

Les boissons sont très-bien supportées , quoique administrées, dès le début, à une dose insolite. L'absorption des principes minéralisateurs s'est opérée sans encombre. Les bains à basse température , 26°, et de durée moyenne, de 15 à 35 minutes, ont déterminé de suite une réaction favorable qui a développé une plus grande activité aux fonctions de la peau, en exerçant une action spéciale sur les manifestations herpétiques. Les douches minérales externes ont puissamment contribué à réveiller la vitalité cutanée, en excitant le réseau nerveux. Les injections vaginales, en portant l'action stimulante de l'eau sulfureuse sur la muqueuse irritée , a produit une sédation que les eaux de Saint-Sauveur possèdent au suprême degré , tout en modifiant les sécrétions anormales des cryptes muqueux. La douche ascendante, par sa puissance de projection , a achevé l'œuvre commencée , en remettant les glandes mucipares à leur état normal.

L'action de l'eau sulfureuse, directement portée sur les granulations pharyngiennes, a produit un résultat heureux. Ces productions morbides, attaquées par un agent aussi énergique , se sont d'abord affaissées et n'ont pas tardé à disparaître complétement. Les manifestations multiples de la diathèse herpétique que présentait Mme *** à son arrivée à Saint-Sauveur demandaient, pour être combattues avec succès , une grande assurance dans la direction du traitement thermal et sans hésitation ; il a été institué avec la plus grande confiance. Le résultat a comblé toutes les espérances, et Mme *** quitte la bienfaisante station, persuadée qu'une seconde saison la débarrassera complétement de cette affection désespérante.

Il seait facile de consigner ici une foule d'observations ayant trait aux affections guéries par l'usage des eaux de Saint-Sauveur. Sans entrer dans des détails minutieux sur les malades observés à la station thermale, on peut néanmoins les citer sommairement.

Le cadre de ce travail ne permet pas de consigner un plus grand nombre d'observations détaillées ; il suffira d'en indiquer sommairement les sujets, ainsi que les résultats obtenus, en choisissant les types, dans les différents genres d'affections où la spécificité des eaux de Saint-Sauveur est indiquée : ·

SEPTIÈME OBSERVATION.

M. ***, 56 ans, atteint de catarrhe vésical avec dysurie et muco-pus dans les urines, après avoir parcouru presque toutes les stations thermales où ce genre d'affection trouve le plus habituellement soulagement, et n'ayant constaté aucune amélioration dans son état, se décide, sur les conseils d'un médecin qui a visité Saint-Sauveur, à venir y passer une saison.

Un traitement approprié à sa force, à sa constitution et à son état maladif, et continué pendant 28 jours, a procuré au malade une amélioration incontestable, qui, sans nul doute, aurait été couronné par une guérison complète, si des affaires urgentes ne l'eussent appelé à Paris.

M. *** a quitté Saint-Sauveur pénétré d'une vive reconnaissance pour l'efficacité de ses eaux, espérant, l'année prochaine, venir y compléter une guérison radicale.

L'amélioration constatée chez M. ***, à son départ de Saint-Sauveur, ne doit être attribuée qu'aux propriétés sédatives et diurétiques de ses eaux thermales. L'eau sulfureuse de l'établissement, mal supportée par l'estomac, surexcité, a dû être remplacée par l'eau de Hontalade. Les bains à basse température (26°) ont promptement amené la sédation dans tout le système nerveux, et principalement dans les nerfs de l'appareil génito-urinaire. Les douches minérales à pression d'abord modérée, puis à haute pression, promenées sur les régions rénales lombaires et hypogastrique , ont déterminé une révulsion favorable en réveillant la vitalité de l'enveloppe cutanée. Les fonctions digestives, depuis longtemps engourdies , ont recouvré la force nécessaire au travail de la nutrition, et l'appétit, à peu près nul depuis une couple d'années, est apparu avec assez d'intensité.

Sous l'influence du traitement balnéaire, les urines ont été modifiées dans leur quantité et leur qualité; la mixtion, qui avant le voyage aux Pyénnées s'opérait avec la plus grande difficulté , en suintant goutte à goutte du réservoir vésical, s'est établie à des intervalles de plus en plus éloignés, et s'opère par un jet continu assez abondant. Les urines filantes, épaisses et gluantes, tenant toujours en suspension des filaments albumineux, se sont transformées en un liquide assez limpide et transparent; l'albumine n'est presque plus appréciable dans le liquide cystique.

Nul doute qu'un plus long séjour à Saint-Sauveur n'eût fait disparaître complétement tout le cortége de ces symptômes morbides.

HUITIÈME OBSERVATION.

Spermatorrhée, nervosisme, épuisement.

M. ***, 42 ans, atteint depuis longues années de spermatorrhée avec nervosisme et épuisement général, arrive à Saint-Sauveur pour chercher soulagement à ses souffrances. D'un tempérament nerveux, son intelligence, prompte à s'alarmer, s'est sensiblement émoussée, et le désespoir s'est emparé du sujet, en lui montrant le lugubre cortége de la mort : le moral n'a plus assez de vitalité pour résister au physique, qui est dans la plus complète prostration.

Comment aborder un traitement thermal dans de semblables conditions, et par quels moyens faut-il débuter pour être assuré d'un succès? Problème de la plus grande difficulté à résoudre, mais dont on est obligé de chercher la solution.

Après bien des hésitations et des tâtonnements, le traitement balnéaire complet est institué; le malade, au milieu du traitement, constate une amélioration sensible de tous les phénomènes morbides.

Quelques petits accidents gastro-intestinaux forcent à suspendre momentanément le traitement, qui est repris douze jours après dans toute sa plénitude ; et, après vingt autres jours de soins assidus, M.*** se trouve dans un état très-satisfaisant, ayant vu disparaître en grande partie tous les symptômes constitutifs de l'affection multiple qui l'avait conduit à Saint-Sauveur.

Ce résultat remarquable, obtenu par l'usage interne et externe des eaux de Saint-Sauveur, doit être attribué en grande partie aux propriétés éminemment sédatives que ces eaux possèdent au suprême degré. Sous leur influence, le nervosisme s'est amendé et les symptômes de l'affection multiple se sont presque évanouis.

Les eaux de Saint-Sauveur sont encore employées avec le plus grand succès contre les engorgements adipeux des membres consécutifs, à des fractures, luxations ou blessures. Les nombreuses cures qu'elles ont produit leur ont assigné une place importante parmi les eaux détersives et vulnéraires des Pyrénées.

La diathèse rhumatismale chronique est aussi avantageusement combattue à l'établissement, et certains phénomènes dépendant de la diathèse scrofuleuse ont trouvé un grand soulagement par l'usage de la source sulfureuse.

Les eaux de Saint-Sauveur possèdent donc une spécificité qui, affectée aux accidents morbides ci-dessus décrits, amènent les résultats les plus heureux.

Toutes les affections qui ont un retentissement sur le système nerveux et qui troublent, d'une manière plus ou moins intense, les phénomènes de la vie de relation et de nutrition, trouvent toujours, après l'usage de l'eau sulfureuse, une amélioration notable, et très-souvent une guérison solide et durable.

Quelques auteurs recommandables ont attribué aux eaux thermales sulfureuses de Saint-Sauveur des propriétés lithontriptiques et diurétiques, et l'abbé Bézégua rapporte certaines expériences qui prouveraient d'une manière positive que ces eaux dissolvent, désagrégent, rendent friables les calculs qui sont en contact avec elles.

Bézégua se rendit à Saint-Sauveur après avoir inutilement suivi un traitement à Baréges, pour se soulager de douleurs néphritiques avec gravelle assez intense. Ayant obtenu un résultat au-dessus de ses espérances, il plaça plusieurs calculs humains dans les réservoirs qui, à cette époque, recevaient les eaux directement de la source, et les abandonna pendant un hiver à leur action ; six mois après il les retira et constata le volume de quelques-uns diminué, dans d'autres une très-grande friabilité, qui permettait de les réduire, par une légère pression, en fine poussière.

Fabas, renouvelant les expériences de Bézégua sur des calculs assez gros et à différentes bases (à bases calcaire et urique), qu'il laissa en contact avec l'eau sulfureuse constamment renouvelée pendant deux années consécutives, trouva les calculs à base calcaire un peu ramollis, et ceux à base urique ayant conservé leur volume, leur forme, leur couleur et leur poids.

Les eaux sulfureuses, en général, ne possèdent pas

d'action dissolvante sur les dépôts urinaires, de quelque nature qu'ils soient; mais elles possèdent la propriété bien précieuse de tonifier le système urinaire, en régularisant ses fonctions et en imprimant à la vessie une vitalité nécessaire à l'excrétion de toutes les matières secrétées par les reins, et par conséquent empêchant un séjour prolongé dans sa cavité.

Toutes les personnes qui ont fréquenté Saint-Sauveurt et fait usage de ses eaux s'accordent à leur reconnaître des vertus diurétiques remarquables, et un grand nombre de malades sont étonnés chaque année de constater une augmentation aussi sérieuse dans la sécrétion et dans l'excrétion urinaires.

De nombreuses observations de succès obtenus dans de semblables conditions ont été publiées, et MM. Fabas, Peyramale, Hédouin, Lécorché, etc., etc., citent un grand nombre de guérisons qui ne peuvent être rapportées qu'à l'usage de l'eau sulfureuse de Saint-Sauveur.

FIN DE LA PREMIÈRE PARTIE.

DEUXIÈME PARTIE

HONTALADE.

EAU SULFATÉE SODIQUE IODÉE.

La station de Saint-Sauveur possède une seconde source d'eau sulfatée sodique : celle de *Hontalade*. Sa température au griffon est de 22° centigrades. Cette eau, claire, limpide, a une odeur hépatique et une saveur sulfureuse. Elle est ingérée sans répugnance et digérée très-facilement. Elle a ces avantages sur l'eau de l'établissement, dont l'odeur est plus caractérisée et la saveur plus désagréable.

La différence de tolérance entre ces deux sources tient probablement à ce que l'eau de Hontalade contient une plus grande quantité de chlorure de sodium, moins de glairine, et que sa température est beaucoup moins élevée.

L'analyse chimique de l'eau de Hontalade a été faite en 1855 par M. le professeur Filhol. Voici le résultat de ses expériences sur un litre d'eau :

Sulfure de sodium,	0ᵍ0199
Chlorure de sodium,	0 0780
Sulfate de soude,	0 0430
A reporter,	0 1409

	Report,	0ᵍ1409

Silicate de soude,		0 0701
Silicate de chaux,		0 0054
Silicate de magnésie,		0 0028
Silicate d'alumine,		0 0060
Matière organique,		0 0310
Iode,	traces,	
Borate de soude,	traces,	
	Total,	0ᵍ2562

L'eau de Hontalade contient du gaz azote en proportion à peu près égale à celle de l'établissement. La composition chimique de la source de Hontalade se rapproche beaucoup de celle des Eaux-Bonnes. Les Eaux-Bonnes contiennent du sulfure de sodium en quantité un peu plus considérable ; le chlorure de sodium y est aussi supérieur ; les autres principes surpassent aussi en quantité minime ceux qu'on trouve dans l'eau de Hontalade, qui contient aussi moins de matière organique.

C'est probablement à ces légères différences que doit être attribuée la propriété sédative de l'eau de Hontalade, qui est très-bien supportée par les malades forcés d'abandonner l'usage des autres eaux sulfatées sodiques.

Il est important pour l'histoire de Hontalade de faire connaître une particularité remarquable digne de fixer l'attention du lecteur :

A une époque déjà reculée, un médecin de Saint-Sauveur eut la malencontreuse idée d'ordonner l'eau Bonnes à ses malades, et, pour leur en faciliter les moyens, il établit un dépôt de ces eaux à la station. Les malades s'en trouvèrent très-bien, et tellement bien qu'ils se tinrent ce raisonnement : Si à Saint-Sauveur on nous prescrit l'eau Bonnes, il serait bien préférable d'aller en faire usage aux Eaux-Bonnes que de nous rendre à Saint-Sauveur, où cette eau n'arrive qu'indirectement.

Ce raisonnement a prévalu ; Saint-Sauveur a été moins fréquenté, tandis que les Eaux-Bonnes prirent une importance considérable, qui n'a fait que croître chaque année.

Plus tard, le stratagème fut découvert. Dès le principe, c'était bien de l'eau Bonnes qui avait été apportée à Saint-Sauveur ; mais comme le débit était considérable, et le transport long et coûteux, la personne qui était chargée d'approvisionner le dépôt trouva beaucoup plus économique et surtout plus commode de monter à Hontalade pendant la nuit pour y remplir les bouteilles portant l'étiquette des Eaux-Bonnes.

Le commissionnaire a avoué maintes fois sa coopération dans cette substitution frauduleuse de l'eau de Hontalade à celle des Eaux-Bonnes, qui, de temps immémorial, ne fait l'objet d'aucun doute dans le pays.

Depuis longtemps l'eau de Hontalade jouit d'une grande réputation, et, dans le département des Hautes-Pyrénées, ses propriétés efficaces inspirent la plus grande confiance.

Dans ces dernières années, la renommée, par la bouche des nombreux malades qui ont obtenu la guérison à sa source, s'est chargée de répandre au loin le récit des cúres merveilleuses sans nombre qui y ont été constatées, en lui assignant une place importante parmi les eaux thermales des Pyrénées.

Dans un mémoire inséré dans la *Revue médicale* en 1840, M. le docteur Fabas fils signala les effets de l'eau de Hontalade dans les affections de l'appareil respiratoire.

« Cette eau sulfureuse, dit-il, a avantageusement remplacé pour nos malades l'eau Bonnes. On peut la boire avec plus de confiance que cette dernière. Elle est moins irritante, et cette qualité est d'un grand prix lorsqu'on veut agir sur des organes aussi susceptibles que ceux de la respiration. »

M. le docteur Peyramale, dans une brochure publiée en 1855 sur les eaux de Saint-Sauveur, considère l'eau de Hontalade comme très-précieuse.

Dans le rapport que M. Henri fit en 1855 à l'Académie de médecine, et qui conclut à l'autorisation d'exploiter la source de Hontalade, il dit que l'eau de cette source a été comparée à celle des Eaux-Bonnes pour les effets thérapeutiques qu'elle produit, ce que sa composition chimique peut expliquer aisément. Il ajoute qu'elle présente, comme les eaux des Eaux-Bonnes et de Labassère, l'avantage de pouvoir être transportée et conservée sans altération.

La source de Hontalade jaillit à 50 mètres environ au-dessus du point d'émergence de la source de Saint-Sauveur.

Ces deux sources sortent de la même roche granitique, quoique distantes de 50 mètres environ l'une de l'autre, et malgré la différence sensible de leur thermalité.

L'établissement de Hontalade, de construction récente, a été bâti sur le plateau du contre-fort de la montagne de Laze. Placé au milieu de splendides prairies, entouré d'une végétation luxuriante, l'art, en mettant à profit les inégalités naturelles du terrain, a su créer des allées sinueuses pleines de ce charme sévère que peut seule donner la nature pyrénéenne. De nombreux filets d'eau, d'une pureté de cristal, bordent constamment les voies d'accession, dont la pente douce et facile permet aux malades d'arriver à la source sans trop de fatigue. Les arbres les plus divers et les plus variés, placés avec intelligence, forment une espèce de labyrinthe charmant, où ont été ménagés des kiosques et des chalets rustiques du plus gracieux effet.

La position de cet établissement est sans contredit la plus pittoresque de la chaîne des Pyrénées. Situé à 50 mètres au-dessus de Saint-Sauveur, il domine la vallée de Luz et la gorge de Gavarnie.

L'établissement de Hontalade est composé d'une partie centrale et de deux galeries latérales sur lesquelles s'ouvrent les cabinets de bains et de douches.

La partie centrale est surmontée d'un vaste et magnifique salon qui reçoit l'air et la lumière par trois larges portes-fenêtres ouvrant sur un superbe balcon, d'où on découvre les points de vue les plus ravissants. Vis-à-vis, et sur la droite, se lève un des géants de la chaîne centrale, avec ses flancs recouverts de la plus vigoureuse végétation, qui laisse, de distance en distance, apercevoir quelques habitations, qu'on est très-étonné de voir perchées à une aussi grande élévation : c'est le pic de Bergons, dont le sommet ne mesure pas moins de 2,710 mètres au-dessus du niveau de la mer. La maison de la Vieille apparaît à mi-côte, encadrée par un bosquet d'un vert sombre. La chapelle de Solférino se confond avec la ville de Luz, qui est située derrière le mamelon de Saint-Pierre. On distingue parfaitement la basilique romane, avec ses tours carrées ; à gauche, le château de Sainte-Marie, dont les ruines ne manquent pas de majesté, et, entre ces deux spécimens de la puissance féodale, la coquette ville de Luz, avec ses toits ardoisés, tranchant sur le gris du marbre de ses murs.

Placé au balcon du salon de conversation, on distingue facilement au-dessus de Luz la route impériale de Baréges, qui s'engouffre dans la rapide et profonde gorge du Bastan, qu'elle côtoie pendant tout son parcours.

Les hautes montagnes, qui dominent constamment cette voie thermale, présentent des contrastes frappants. Leurs flancs, tantôt abruptes, stériles et complétement dénudés de toute verdure, attristent le regard ; tandis que de l'autre côté du torrent, une végétation rigoureuse, annonçant une exubérance de fertilité dans ces terrains schisteux, charme et réjouit le cœur.

Lorsque l'état de l'atmosphère le permet, il est facile, au moyen du télescope, en permanence dans le salon, d'apercevoir le pic du Midi de Bigorre, un des Titans des Hautes-Pyrénées, dont le sommet mesure 2,876m d'élévation au-dessus du niveau de la mer.

L'accès de l'établissement de Hontalade, quoique un peu raide, est cependant assez facile, et les malades débiles ou fatigués peuvent très-commodément y arriver soit à ânes, soit en chaises à porteurs.

Tout fait espérer que la saison prochaine verra inaugurer le chemin de communication entre Saint-Sauveur et Hontalade. Cette nouvelle voie, par des détours gracieux et faciles et des rampes très-douces, permettra aux voitures de pénétrer jusqu'à la porte du vestibule.

L'administration départementale des Hautes-Pyrénées, qui veille avec une sollicitude toute particulière sur les établissements thermaux, a obtenu du Conseil général les moyens nécessaires à la confection de cette lacune importante pour Hontalade. Les propriétaires intelligents, comprenant bien leurs intérêts, ne négligeront rien pour hâter l'exécution des travaux.

Les galeries latérales qui forment les ailes de l'établissement thermal sont percées chacune de cinq belles fenêtres symétriques qui ouvrent au soleil levant; elles renferment les cabinets de bains et de douches.

Ces cabinets, vastes, bien aérés, sont pourvus chacun d'une baignoire en marbre gris du pays, à demi incrustée dans le sol. Tous les accessoires nécessaires au système balnéaire existent dans ces cabinets propres, commodes et confortables. Le baigneur est as-

9

suré d'y trouver tout ce dont il peut avoir besoin pour son usage particulier.

Les bains y sont pris à la température native, c'est-à-dire à 22° centigrades ou à un degré plus élevé, suivant la prescription du médecin.

Cette élévation de température s'obtient au moyen d'un appareil spécial et particulier de chauffage.

Cet appareil se compose d'une vaste chaudière exposée au-dessus d'une large bouche de chaleur. Cette chaudière est remplie de l'eau du torrent, et maintenue à une température de 60 à 70°; elle renferme un tuyau en plomb, en forme de serpentin, destiné à contenir l'eau sulfureuse, et à la mettre ainsi à l'abri du contact de l'air. Le serpentin est en communication directe avec les baignoires, et donne ainsi une eau thermale à un degré de température très-élevé.

Cette eau, mélangée avec celle qui vient sans détour de la source, permet de donner le bain au degré désiré.

Ce moyen de chauffage laisse à l'eau de Hontalade toutes ses propriétés curatives, car, pendant son séjour dans le serpentin et dans le trajet jusqu'aux baignoires, elle n'a subi aucune modification, aucune décomposition chimique, et la matière végétale n'en a pas été précipitée.

Outre les cabinets de bains, Hontalade possède un système d'hydrothérapie minérale complet. Les cabinets de douches, installés avec le plus grand soin et pourvus de tous les appareils perfectionnés, ont été et sont encore l'objet des soins les plus empressés des propriétairés de l'établissement.

Les cabinets de douches renferment : la douche à haute pression, à basse température, à pression moyenne et à basse pression ; la douche descendante en pluie, en filets, en jets, en pomme d'arrosoir.

Ces différentes variétés de douches peuvent être dirigées sur toutes les parties du corps, et à des degrés de force variable suivant les besoins.

La douche ascendante peut être aussi administrée avec une intensité variable.

En même temps que la douche ascendante, on peut aussi prendre une douche de siége ou une douche circulaire hypogastrique, circonscrivant les lombes, les flancs et l'hypogastre.

La douche en cercle, très-bien organisée, consiste dans un tube vertical garni d'autres tubes horizontaux et circulaires percés à leur face concave de petits trous d'où s'échappent des filets d'eau qui convergent tous vers le même point A la partie supérieure de l'appareil se trouve une large tête d'arrosoir, et en bas une douche ascendante. Le malade est placé au centre de l'appareil et reçoit l'eau en petits jets sur toutes les parties du corps en même temps.

Les propriétaires de l'établissement de Hontalade, désireux de compléter le système hydrothérapique minéral, sont décidés à faire construire une grande piscine natatoire où l'eau, constamment renouvelée et maintenue à la température de 22° centigrades, pourra être utilisée contre une foule d'affections qui réclament comme effet immédiat une sédation très-marquée. Ce complément balnéaire placerait la station de

Saint-Sauveur au premier rang parmi ses rivales, et nulle autre part on ne rencontrerait un système hydrothérapique minéral aussi important ni aussi complet.

Les douches de toutes sortes peuvent être administrées à Hontalade avec l'eau minérale à la température native de 22° ou à un degré inférieur, la direction ayant à sa disposition des filets d'eau sulfureuse à la température de 8° et 10°.

Les douches peuvent être portées à une température plus élevée au moyen de l'appareil de chauffage dont il a été parlé plus haut, et les appareils sont disposés de manière à donner une douche froide, ou une douche chaude, ou une douche écossaise, à volonté.

L'hydrothérapie avec l'eau sulfatée iodique froide à 8°, 9° et 10°, employée seulement depuis une couple d'années, a donné des résultats inespérés. L'action de ce puissant moyen de curation a été étudié avec le plus grand soin, et les appareils perfectionnés qui servent à cet usage ne laissent rien à désirer sous aucun rapport.

Mais ces moyens énergiques réclament une connaissance approfondie de leur action sur les différents organes.

Aussi est-ce avec la plus grande prudence et sur les conseils spéciaux de l'homme de l'art qu'on doit aborder de semblables moyens thérapeutiques.

L'hydrothérapie minérale a déjà rendu d'immenses services, et son application intelligente est susceptible de produire des résultats inattendus. Des études sérieuses, raisonnées, approfondies, vont ouvrir une voie nouvelle à cette méthode curative, dont les effets salutaires sont loin d'être bien définis.

L'établissement de Hontalade entrevoit un brillant avenir, qui, certes, ne lui fera pas défaut ; placé dans une position exceptionnelle, ayant à sa disposition des sources sulfureuses nombreuses qui sortent de la roche granitique à une très-grande élévation, et dont la température est appropriée à leur destination, il peut offrir les douches les plus puissantes qu'on puisse imaginer, sans autre préparation que la retenue de l'eau dans les bassins du plateau du second contre-fort de la montagne de Laze. Avec un moyen d'action aussi puissant, bon nombre d'affections nerveuses pourront obtenir des résultats heureux qu'en vain elles ont réclamé à d'autres stations thermales moins favorisées de la nature.

Derrière l'établissement, et à 20 mètres environ, se dresse fièrement un énorme rocher schisteux qui présente un vaste enfoncement d'où jaillit la source de Hontalade. (Le mot *Hontalade*, en patois des Pyrénées, signifie source de la Fée.)

Cette source tombe par un jet continu assez abondant dans une coquille en pierre dont les parois portent les traces d'un dépôt de parcelles de souffre et d'iode.

La captation de la source est parfaite ; l'eau conserve toutes ses propriétés curatives soit à la buvette ou dans les baignoires et les douches, qui sont en communication directe avec le bassin récepteur.

La buvette reçoit directement l'eau du griffon. Cette

eau est parfaitement limpide, de saveur sulfureuse et agréable en même temps, et d'une odeur hépatique. Les malades qui en font usage la boivent avec plaisir et la digèrent très-facilement, probablement parce qu'elle contient un peu plus de chlorure de sodium, un peu moins de glairine, et que sa température est moins élevée que l'eau de l'établissement.

Les propriétés curatives de l'eau de Hontalade sont depuis longtemps appréciées à leur juste valeur par les habitants des Pyrénées et des départements circonvoisins.

La composition chimique présente une grande analogie avec celle des Eaux-Bonnes, sans toutefois permettre d'expliquer la puissante sédation qu'elle détermine sur tous les organes et sur le système nerveux. Car les eaux Bonnes, prises même à dose modérée, produisent une excitation générale, et ce phénomène constitue la spécificité de la *source vieille*.

L'eau de Hontalade est préconisée dans les dyspepsies de toute espèce : dyspepsie simple, dyspepsie asthénique, dyspepsie par altération du suc gastrique, dyspepsie flatulente, gastralgie, etc.

. Les auteurs qui se sont occupés de la dyspepsie ne sont pas d'accord sur la définition propre de cette affection, et plusieurs, au lieu de reconnaître les variétés de la maladie type, en ont fait des états morbides différents, ayant tous leur point de départ dans une altération fonctionnelle de l'estomac. Pour tout observateur attentif, la dyspepsie peut être définie ainsi :

dérangement plus ou moins apparent des fonctions digestives, quelle qu'en soit la cause ; d'où il résulte une altération du sang entraînant à sa suite diverses lésions fonctionnelles ou organiques.

Cette définition, toute physiologique qu'elle est, doit cependant être modifiée. De même que, si la dyspepsie est susceptible de produire une altération du sang entraînant certaines lésions fonctionnelles ou organiques, il est rationnel d'admettre que certaines lésions fonctionnelles ou organiques peuvent être la conséquence d'une altération du sang, qui peut aussi elle-même occasionner la dyspepsie.

Ainsi une chloro-anémie aura pour résultat immédiat, outre les symptômes inhérents à cette affection, de déterminer un dérangement dans les fonctions digestives. Ce dérangement fonctionnel, persistant pendant un certain laps de temps, donnera naissance à de véritables accidents dyspepsiques. Le point de départ des accidents n'est pas à l'estomac, qui n'est atteint qu'indirectement.

La dyspepsie, caractérisée par la perte d'appétit, soif intense, digestions difficiles et douloureuses, éructations, borborygmes, coliques vives, vomissements, constipation ou diarrhée, névralgie intercostale, *aura* gastro-glottique, et la toux trouve soulagement et guérison par l'usage de l'eau de Hontalade, à l'intérieur et à l'extérieur.

Le traitement thermal par l'eau de Hontalade demande une grande habitude et une connaissance parfaite de son action sur l'organisme.

Sans entrer dans de grands détails sur le mode d'administration de cette eau sulfureuse, il est bon cependant de fixer les malades sur les dangers auxquels ils s'exposeraient en négligeant certaines précautions.

L'eau de Hontalade est administrée en boisson, en bains et en douches.

En boisson, l'eau de la source de la Fée doit être prise à jeun et deux heures avant le repas ; le soir, elle peut être aussi ingérée deux heures avant le dîner.

La quantité à prendre devra d'abord être minime, pour éviter l'intolérance de l'estomac. On commence, en général, par un quart de verrée le matin et autant le soir ; si le liquide ne produit aucun malaise gastrique, on en porte dès le lendemain la dose à demi-verrée matin et soir, pour arriver au plus tôt à une verrée matin et soir : rarement cette quantité est dépassée. Il convient souvent dès le début, pour faciliter la tolérance de l'estomac et surmonter la saveur hépatique, d'édulcorer l'eau avec le sirop d'écorces d'oranges amères, de Tolu, ou, dans certains cas spéciaux, de sirop d'iodure de fer.

Ces adjuvants seront abandonnés aussitôt qu'on se sera assuré de l'ingestion et de la digestion facile de l'eau sulfureuse.

Les bains sont pris à l'établissement de Hontalade d'abord élevés à la température de 28° ; chaque jour on abaissera la température d'un degré pour permettre au malade d'arriver au bain à la température native de la source. C'est à ce moment où l'action de cette eau sulfureuse se produit avec toute son énergie, et où les principes sédatifs sont le mieux appropriés au nervosisme.

Les bains ne devront avoir qu'une durée très-limitée dès le début du traitement, qu'on augmentera chaque jour pour arriver au bain de 30 minutes.

Malgré sa basse température, la source de Hontalade possède des propriétés sédatives et curatives d'une grande importance, et il se présente chaque année plusieurs cas où l'eau de la source de Saint-Sauveur ne peut pas être supportée, et où celle de Hontalade est parfaitement acceptée par le malade.

L'établissement de Hontalade est organisé de manière à remplir toutes les indications balnéaires possibles.

Indépendamment des bains d'eau minérale, on peut prendre soit des bains simples ou des bains composés, suivant les indications du médecin.

Le système de douches établi à Hontalade ne laisse rien à désirer ; les appareils les plus variés et les plus utiles y sont depuis longtemps installés. Il se compose de la grande douche horizontale, dont on peut modifier la direction, la moyenne et la petite ;

La douche en jets multiples, en pomme d'arrosoir de toutes les dimensions ; la douche en cerceau ; la douche descendante et la douche ascendante.

Les appareils sont disposés de telle sorte qu'on peut, à volonté, donner des douches minérales thermales ou des douches minérales froides. Les sources sulfureuses sont tellement abondantes et multipliées qu'elles peuvent suffire à tous les besoins d'un traitement minéral hydrothérapique complet.

Comme il a été dit plus haut, l'eau de Hontalade possède des propriétés curatives précieuses contre toutes les variétés de dyspepsie. Les résultats heureux obtenus font un devoir de reproduire ici quelques-unes des observations les plus caractéristiques.

PREMIÈRE OBSERVATION.

DYSPEPSIE FLATULENTE.

M. ***, 57 ans, d'une constitution des plus robustes, d'une excellente santé habituelle, est subitement pris, il y a environ sept ans, de gastralgie très-intense à la suite d'une émotion extrêmement vive. Depuis cette époque, la digestion a toujours été très difficile et très-douloureuse, souvent accompagnée de nausées, de vomissements et d'accès gastralgiques de la plus vive intensité ; une constipation opiniâtre a, depuis le commencement de cette affection, constamment existé.

Le sommeil est très-agité et accompagné de rêves fatigants. Dans ces derniers temps, les accès de gastralgie sont devenus tellement fréquents et tellement douloureux que M. ***, ne pouvant résister à la violence de la douleur, est obligé de se rouler à terre en se tordant les membres.

Un sentiment de faiblesse générale attriste beaucoup le malade, dont le moral est vivement affecté, car il a visité un grand nombre de stations thermales sans jamais éprouver aucune amélioration.

C'est dans ces conditions et sur les conseils d'un de ses amis, qui venait de ressentir les effets favorables de l'eau de Hontalade, qu'il s'est décidé à se rendre à la station de Saint-Sauveur, espérant obtenir le même succès.

M. *** arrive à Saint-Sauveur le 17 août.

Après un examen attentif des organes, et après avoir reconnu une dyspepsie flatulente, on conseille le traitement suivant :

Eau de Hontalade, demi-verrée matin et soir, édulcorée avec le sirop d'écorces d'oranges amères.

Bains à 26°, de 15 minutes de durée.

18 août.— Eau de Hontalade, trois quarts de verrée matin et soir ; bain à 25°, de 15 minutes.

19 août. — Eau de Hontalade, une verrée matin et soir ; bain de 15 minutes, à 24° ; douche en arrosoir, à 24°, sur les lombes, de 5 minutes.

20 août. — Eau de Hontalade, une verrée matin et soir ; bain de 18 minutes, à 24° ; douche en arrosoir, à 22°, sur les bombes, de 8 minutes.

21 août. — Eau de Hontalade, une verrée matin et soir ; bain de 20 minutes, à 24° ; douche en arrosoir, à 22°, sur les lombes et l'épigastre, de 10 minutes.

Le traitement institué chez M. *** est parfaitement supporté, la réaction est manifeste, et la digestion s'opère plus facilement.

Les aliments sont pris sans répugnance, les selles sont un peu plus faciles, le sommeil un peu moins agité.

23 août. — L'eau de Hontalade est administrée à la dose d'une verrée et quart matin et soir ; bain de 25 minutes, à 22° ; douche en jets multiples, à 20°, sur les lombes et l'épigastre, de 10 minutes.

25 août. — Eau de Hontalade, une verrée et demie matin et soir ; bain de 30 minutes, à 22° ; douche en jets multiples, avec une force de projection assez puissante, sur les lombes et l'épigastre, de 15 minutes.

28 août. — Même traitement.

La douche à jets multiples est donnée avec l'eau minérale à 15°, et de 5 minutes de durée, sur toute la région vertébrale et épigastrique.

30 août. — Eau de Hontalade, une verrée et demie matin et soir ; bain de 30 minutes à 22° ; douche à jets multiples de 6 minutes, avec l'eau minérale à 15°, sur les régions dorsale et épigastrique.

1er septembre. — A la suite d'un repas trop copieux, et cependant pris avec plaisir, M. *** éprouve un accès gastralgique très-intense, avec retentissement sur tout le système nerveux. Les accidents durent dix heures, et doivent leur cessation à l'usage des préparations calmantes énergiques.

2 septembre. — L'eau de Hontalade est prise à la dose d'une verrée matin et soir.

3 septembre. — Eau de Hontalade, une verrée matin et soir ; bain de 25 minutes, à 25°.

4 septembre. — Reprise du traitement complet; eau en boisson ; bains et douches.

8 septembre. — La cure thermale, commencée sous de bons auspices, suspendue par l'apparition d'un accès de gastralgie, et reprise après la disparition des accidents, est continuée avec le plus grand succès. L'appétit est bon, le malade mange raisonnablement et avec plaisir. Les phénomènes de la digestion s'opèrent

avec régularité ; la constipation a complétement disparu, et la défécation se produit régulièrement ; le
sommeil est excellent, et les forces reviennent chaque
jour. M. *** n'en croit pas son état ; il ne se reconnaît
pas, car depuis sept années il n'a pas passé une
journée sans souffrances.

16 septembre.—M. ***, rappelé chez lui, quitte Saint-
Sauveur avec regret et reconnaissance. La gaîté est
revenue, son état de faiblesse a complétement disparu,
et, sans éprouver aucune fatigue, il peut se permettre
une promenade de trois à quatre kilomètres. Il se considère, en quittant la station thermale, comme complétement guéri, et se trouve très-heureux de ce résultat,
qu'il a vainement demandé à plusieurs autres sources
minérales, et qu'il a seulement trouvé à la fontaine de
de la Fée.

Cette observation intéressante donne une preuve
positive de la vertu curative de l'eau de Hontalade dans
la dyspepsie flatulente, bien que l'usage de cette
source ait donné des résultats analogues dans les autres variétés de cette affection gastrique.

Toujours est-il que M. ***, qui, depuis sept années,
était en proie aux souffrances les plus vives, s'était cru
dans une position incurable, car, après avoir fait usage
des eaux les plus en renom contre cette affection, il
avait vu les accidents continuer et son état s'aggraver
jour en jour.

L'estomac ne pouvait digérer aucune espèce d'aliments sans éprouver des spasmes, qui, le plus souvent, arrachaient des cris au malade et se terminaient

constamment par des vomissements. Une faiblesse extrême s'était manifestée, et le moral n'avait pas tardé à assigner à la maladie une terminaison prompte et funeste.

M. ***, en partant de Saint-Sauveur, est dans le ravissement le plus complet, et, trois mois après son départ, sa guérison s'était maintenue parfaite.

DEUXIÈME OBSERVATION.

DYSPEPSIE ASTHÉNIQUE.

Mme ***, 31 ans, d'un tempérament essentiellement nerveux, réglée à 15 ans, mariée à 19 ans, a toujours joui d'une excellente santé jusqu'à l'âge de 26 ans. A cette époque, en proie à des chagrins cuisants, elle ressentit d'abord un malaise général, dont la perte d'appétit fut le commencement, avec anxiété précordiale, digestions un peu difficiles et irrégularités dans les fonctions des intestins. Les règles, apparaissant aux époques fixes, devinrent un peu moins abondantes, avec un caractère de décoloration; un sommeil léger, agité, laissait, au réveil, un sentiment de lassitude générale.

Les accidents digestifs ne tardèrent pas à revêtir les symptômes caractéristiques de la dyspepsie. L'ingestion des aliments détermina d'abord un gonflement stomacal, suivi de douleurs vives, des borborygmes intenses accompagnés de coliques violentes, déterminant quelques selles diarrhéiques, urines normales.

La faiblesse fit de rapides progrès, et, quelques mois après le début, la marche était difficile et pénible.

Le moral ne tarda pas à ressentir l'influence fâcheuse des accidents digestifs; Mme *** devint triste, morose, fuyant la société et ne se plaisant que dans la solitude la plus complète.

Cet état persista jusqu'en 1866, où Mme *** se rendit à Vichy pour y suivre un traitement thermal.

La saison passée à l'établissement et l'usage des eaux réputées les plus efficaces contre les affections dyspepsiques ne donnèrent à la malade aucun soulagement, et, après son retour chez elle, les accidents prirent une nouvelle intensité.

Par les conseils d'une de ses amies, qui avait ressenti les meilleurs effets de l'eau de Hontalade prise à la source, Mme *** se décide à visiter Saint-Sauveur, où elle arriva le 12 juillet 1868.

Mme *** présente l'état suivant :

Face pâle, yeux ternes, figure amaigrie ; la peau est d'un blanc jaune mat, la langue large, humide et décolorée. Appétit presque nul. Les aliments ingérés dans l'estomac sont très-difficilement et très-péniblement supportés. De fréquents vomissements suivent les légers repas. La soif est vive, et la boisson est rendue presque aussitôt son ingestion. Gargouillements intestinaux constants. Alternatives de constipation et de diarrhée.

Le flux cataménial apparaît aux époques régulières avec une altération sensible dans la qualité et la quantité. Rien du côté des reins, de la vessie et de l'utérus n'explique les phénomènes constatés.

L'auscultation ne permet de trouver aucun trouble dans la circulation.

La faiblesse générale est extrême.

On diagnostique une dyspepsie asthénique.

Un léger purgatif magnésien est conseillé avant le

10

commencement du traitement ; il produit un résultat satisfaisant.

Le lendemain, Mme ^*** prendra un quart de verrée d'eau de Hontalade.

Un bain d'eau sulfurée de 10 minutes, à 26°.

15 juillet. — Eau de Hontalade, un quart de verrée matin et soir, édulcorée avec une cuillerée à café de sirop d'écorces d'oranges amères.

Bain de 10 minutes, à 26°.

16 juillet. — Eau de Hontalade, une demi-verrée le matin et un quart de verrée le soir, avec le même sirop ; bain de 12 minutes, à 26°.

17 juillet. — Eau de Hontalade, une demi-verrée matin et soir, édulcorée ; bain de 15 minutes, à 26°.

18 juillet. — Eau de Hontalade , trois quarts de verrée le matin, demi-verrée le soir ; bain de 15 minutes, à 26°.

19 juillet. — Eau de Hontalade, trois quarts de verrée matin et soir ; bain de 18 minutes, à 25°.

20 juillet. — Eau de Hontalade, une verrée le matin et trois quarts de verrée le soir ; bain de 20 minutes, à 25°.

21 juillet. — Eau de Hontalade, une verrée matin et soir ; bain de 20 minutes, à 25°.

22 juillet. — L'eau de Hontalade est très-bien supportée et parfaitement digérée ; les bains sont pris sans aucune fatigue.

Le début du traitement est de nature à faire espérer un heureux résultat. L'eau, bien supportée en boisson, a donné à l'estomac un peu d'énergie, tout en procurant à cet organe le calme dont il avait tant besoin. Les aliments pris en très-petite quantité sont très-bien acceptés et digérés sans fatigue. Les selles sont un peu moins irrégulières; le sommeil, plus tranquille, est d'une durée un peu plus grande.

L'époque menstruelle se manifestant avec les phénomènes précurseurs habituels, le traitement thermal est suspendu jusqu'au 27.

27 juillet. — Eau de Hontalade, une verrée matin et soir.

28 juillet. — Eau, une verrée matin et soir; bain de 15 minutes, à 25°; eau sulfatée ferrugineuse de Saligos aux repas, en mélange avec le vin.

30 juillet. — Eau, une verrée matin et soir; bain de 20 minutes, à 25°; eau de Saligos; douche en pomme d'arrosoir, à 22°, sur la région dorsale, de 5 minutes de durée.

1er août. — Eau de Hontalade, une verrée matin et soir; bain de 25 minutes, à 24°; eau de Saligos; douche en pomme d'arrosoir, à 20°, sur la région dorsale et sur les hypocondres, de 5 minutes.

3 août. — L'eau en boisson est continuée à la même dose jusqu'à la fin du traitement; bain de 30 minutes, à 22°; eau de Saligos; douche en pomme d'arrosoir, à 18°, sur la région dorsale et les hypocondres, de 6 minutes de durée, avec projection sur l'épigastre pendant une minute.

5 août. — Continuation des mêmes moyens, avec les modifications suivantes :

Douche en pomme d'arrosoir, à 15°, sur la région

dorsale, les hypocondres et l'épigastre, de 5 minutes de durée.

8 août.— Le traitement suivi par Mme *** depuis son arrivée à Saint-Sauveur a marché sans aucune espèce d'accident. Sous l'influence de l'eau sulfureuse, l'estomac a semblé sortir de sa torpeur ; les digestions se sont opérées avec moins de difficulté d'abord ; puis, l'appétit aidant, elles se sont faites avec facilité ; de sorte que, vers la fin de la saison, Mme *** pouvait sans inconvénient manger assez copieusement sans jamais ressentir la moindre douleur à l'épigastre. Les selles se sont sensiblement régularisées ; le sommeil est devenu calme, assez profond, sans rêvasseries.

La peau a repris une partie de sa coloration primitive, et les forces se sont accrues d'une manière manifeste. Une petite promenade qui, après un séjour d'une semaine, était fatigante, huit jours après ne l'était plus, et, après quatre semaines de traitement, le tour de la vallée ne paraissait pas au-dessus des forces de la malade.

L'eau de Saligos a été un adjuvant utile, en contribuant à la recomposition chimique du liquide circulatoire. Cette observation, dont le sujet avait éveillé l'attention de la colonie pyrénéenne, a donné la mesure de l'efficacité de l'eau de Hontalade dans le traitement de la dyspepsie à forme asthénique. Et bon nombre de personnes qui avaient pu juger de la position de cette intéressante malade ont été agréablement surprises du changement favorable obtenu par la cure thermale.

Tous les moyens puissants de curation que possède

Hontalade ont été mis en jeu avec prudence et modération, et l'amélioration constatée au début du traitement n'a pas tardé à prendre les caractères d'une guérison sérieuse.

Quatre mois après son départ des Pyrénées, Mme ***
n'avait constaté aucun changement dans sa position.

Toutes les variétés de dyspepsie sont victorieusement combattues par l'usage (*intus et extra*) de l'eau
de Hontalade, et les nombreux cas de guérison obtenus
par cette eau précieuse fourmillent dans tous les
traités qui ont été publiés sur cette source précieuse.

L'eau de Hontalade a conquis une réputation sérieuse dans le traitement de certaines affections des
voies respiratoires. Depuis longues années, les habitants des départements voisins de la station de Saint-
Sauveur ont su apprécier à leur juste valeur les propriétés éminemment curatives de cette source, et,
certains d'un heureux résultat, ils sont venus lui de-
mander la guérison de ces affections terribles qui
moissonnent chaque année un grand nombre de ces
jeunes et intéressants malades que la jeunesse n'a pu
préserver de leurs graves atteintes.

La voix de la population entière des départements
méridionaux dénombre les cures merveilleuses obtenues par l'usage de cette eau précieuse, et chaque
année vient ajouter à la liste, déjà très-nombreuse, des
malades guéris les noms de ceux qui paraissaient voués
à une mort certaine.

L'eau de Hontalade n'est prise qu'en boisson, et son

influence ne tarde pas à déterminer chez les malades qui en font usage des phénomènes qui, de suite, font renaître dans les cœurs des patients l'espérance de la guérison.

Cette source, dont les vertus spécifiques sont si manifestes, ne convient pas à tous les individus ni à toutes les affections des voies respiratoires, et il est bon de préciser les cas où elle opère et peut opérer la guérison, et ceux où, au contraire, elle donnerait nécessairement une impulsion fâcheuse.

Le catarrhe pulmonaire chronique, la bronchite chronique sont toujours victorieusement combattus par l'usage de l'eau de Hontalade, et il serait très-facile de consigner ici une multitude d'observations, recueillies avec le plus grand soin et la plus grande sincérité, qui constateraient l'efficacité la plus complète de cette eau contre ces deux affections.

Quelques observations, bien caractérisées, prouveront assez la véracité des faits énoncés.

M. ***, 35 ans, d'une bonne santé habituelle, fort et vigoureux, tempérament sanguin, a été atteint, il y a quatre années, d'une bronchite assez intense qui a exigé l'emploi de moyens énergiques.

Sous l'influence de la médication, les symptômes principaux se dissipèrent assez promptement ; mais une toux opiniâtre, accompagnée de crachats mucoso-purulents, persista sans fièvre ni aucun autre dérangement fonctionnel. Des révulsifs, successivement appliqués sur le thorax, n'ont amené aucun changement dans l'état du malade.

Depuis cette époque, la moindre variation de température subie par M. *** détermine chez lui une aggravation de la toux, avec fièvre et expectorations très-abondantes. Quelques symptômes de congestions pulmonaires se sont manifestés, avec céphalalgie, insomnie et perte d'appétit. La toux, très-intense et se produisant par quintes, fatigua considérablement le malade. Des révulsifs, appliqués en grande quantité, amendèrent la position. Les symptômes aigus disparus, la bronchite chronique reprit sa marche habituelle, et pendant trois ans, après le développement et la disparition de plusieurs bronchites aiguës, M. *** se trouva dans le même état. C'est dans ces conditions qu'il se décida à visiter Saint-Sauveur pour y suivre un traitement sérieux.

25 juillet. — Le diagnostic d'une bronchite chronique bien établi, l'eau de Hontalade est conseillée en boisson, à la dose d'une demi-verrée matin et soir, édulcorée avec le sirop de Tolu.

Cette eau sulfureuse, portée de suite à une verrée matin et soir, est continuée pendant vingt-six jours. Pendant la durée de ce traitement, la toux diminua d'une manière sensible, et toutes les autres fonctions reprirent peu à peu leur état normal.

20 août. — M. *** quitte Saint-Sauveur à peu près complétement débarrassé de cette toux opiniâtre et des crachats abondants qui le fatiguaient au-delà de toute expression.

Trois mois après son retour dans sa famille, M. *** jouissait d'une santé excellente, ne gardant plus de la toux qui l'avait tant incommodé que le souvenir.

On pourrait consigner une foule d'autres observations aussi concluantes et aussi positives. Les cas de guérison de bronchites chroniques étant très-nombreux, le cadre de cette étude ne pourrait comporter un grand développement.

L'eau de Hontalade opère aussi des cures qu'on peut regarder comme merveilleuses dans le traitement de cette redoutable affection, désespoir des malades et des médecins : la phthisie pulmonaire au premier degré.

La réputation de cette source sulfureuse s'est établie et propagée au loin par le fait d'une guérison presque miraculeuse, dont tous les habitants des Pyrénées parlent encore, et dont le sujet habite le canton d'Argelès.

M. Peyramale, dans son *Aperçu sur les eaux minérales de Saint-Sauveur et de Hontalade*, rapporte l'observation de ce jeune étudiant au séminaire de Tarbes qui, atteint de phthisie, toussant, crachant le sang et miné par une fièvre lente, paraissait voué à une mort certaine. Ses maîtres, craignant de le voir mourir dans leur établissement, l'engagèrent à aller respirer l'air natal à Luz. Une de ses voisines, animé de compassion par un état aussi alarmant, lui donna le conseil d'aller faire usage de l'eau de la source de la Fée, où elle avait elle-même, atteinte de la même affection, recouvré complétement la santé. Ce jeune homme, découragé et ayant conscience de sa fin prochaine, s'achemina péniblement jusqu'à la source. Après quinze jours de boisson de l'eau sulfureuse, la fièvre, la toux, les crachements de sang, tout avait disparu. L'appétit, revenu, ramena les forces. Un mois après, M. Coméra, regardé à Luz comme un ressuscité, retourna au séminaire, où son retour causa la plus vive surprise. M. l'abbé Coméra est encore desservant dans une paroisse voisine d'Argelès, où il ne cesse de proclamer les vertus éminemment merveilleuses de la source de Hontalade.

Les cas de guérison obtenue par l'usage de l'eau de Hontalade dans la phthisie pulmonaire sont nombreux. Tous les auteurs qui ont écrit sur la source de la Fée en citent, et des mieux caractérisés.

Chaque saison thermale voit apparaître quelques malades dont l'aspect inspire le plus vif intérêt. Tristes, languissants, le regard presque éteint, la face pâle, amaigrie, pouvant à peine se traîner, confiants dans les propriétés curatives de cette eau sulfureuse, ils poussent un dernier effort pour arriver jusqu'à la source qui doit les débarrasser de cette affection terrible.

Le traitement suivi pendant une quinzaine de jours amène le plus souvent une amélioration inespérée, et, dans l'immense majorité des cas, les malades quittent Saint-Sauveur dans un état très-satisfaisant, qui donne l'espoir d'une guérison complète.

L'observation suivante, intéressante sous tous les rapports, devra être l'objet des réflexions les plus sérieuses sur les effets produits par l'eau de la source de Hontalade.

TROISIÈME OBSERVATION.

PHTHISIE GALOPANTE.

Mme ***, 20 ans, d'une bonne santé habituelle, réglée à 14 ans, mariée à 18 ans, devenue enceinte peu après son mariage. Grossesse sans accidents, accouchement très-heureux et très-facile, le 10 mai 1868, d'une enfant faible et délicate. Allaitement jusqu'au 30 mai, date de la mort de la petite fille.

Cet événement fâcheux a vivement impressionné Mme ***, qui est d'un tempérament nerveux exquis. Aussitôt après la mort de l'enfant, les seins sont devenus volumineux, durs et gorgés de lait. L'appétit, qui après l'accouchement s'était bien développé, a disparu en partie. La fièvre s'est déclarée avec assez d'intensité, et a déterminé une courbature des membres, avec lassitude générale. Le sommeil est agité, les selles rares.

Cet état morbide ne tarda pas à s'amender, et Mme ***, désireuse de respirer l'air extérieur, fit une promenade qui la fatigua un peu et qui détermina une moiteur du corps. En rentrant dans son appartement, elle se trouva exposée à un courant d'air vif qui, de suite, lui fit éprouver un sentiment de froid très-intense entre les deux épaules et sur la partie antérieure de la poitrine. Un frisson se manifesta aussitôt, suivi de céphalalgie, avec fièvre et sueurs ; une petite toux sèche, avec un peu de gêne dans les fonctions respiratoires. Ces symptômes prirent de l'intensité, et le médecin, consulté, diagnostiqua une phthisie générale diffuse. Quelques jours après, la fièvre avait revêtu un type intermittent. La toux devint grasse, amenant avec elle une expectoration de crachats mucoso-purulents. Faiblesse générale ; sommeil et appétit nuls ; constipation opiniâtre.

Une consultation fut provoquée, et le diagnostic porté fut une phthisie galopante.

Les moyens les plus énergiques furent employés dans le but d'enrayer la marche de la maladie, et quelques jours après, ne voyant aucune amélioration dans la position de cette intéressante malade, on se décida, sur les avis d'une célébrité médicale de Paris, à se rendre aux Pyrénées pour y faire usage exclusivement de l'eau de Hontalade.

Mme *** arriva à Saint-Sauveur, le 27 août 1868, dans l'état suivant : face pâle, yeux brillants, pommettes des joues enluminées, lèvres pâles, langue large, humide, avec un léger enduit saburral, soif vive, appétit nul, constipation sans coliques ; peau sèche et chaude ; pouls petit, serré, fréquent, battant 108-112 par minute ; respiration précipitée, un peu anxieuse ; toux fréquente, sonore ; expectoration abondante de crachats purulents bien limités. L'auscultation révèle un gargouillement par petites places, disséminé dans toute l'étendue des deux poumons. Le sommet du poumon gauche présente un très-grand nombre de petites cavernes. La respiration est partout rude, avec accompagnement de râles muqueux à petites et à grosses bulles, suivant qu'on s'approche ou qu'on s'éloigne des petits foyers tuberculeux.

Le moindre mouvement, l'émotion la plus légère déterminent de suite des palpitations de cœur très-violentes, avec menaces de suffocation.

La peau des membres, très-transparente, paraît amincie. La pulpe des doigts et des ongles est arrondie en pomme d'arrosoir. Le flux caténial n'a pas reparu depuis l'accouchement. Le ventre est le siége d'un peu de gargouillement sans coliques et sans douleurs à la pression. Constipation opiniâtre ; sommeil très-léger et presque nul ; sueurs abondantes pendant la nuit ; faiblesse générale très-grande : la malade ne peut faire un seul pas.

En présence d'une affection aussi sérieuse et d'un sujet aussi délicat et aussi affaibli, il fallait avoir une confiance absolue dans l'efficacité de l'eau de Hontalade pour aborder un traitement thermal.

Après deux jours de repos, Mme *** s'est fait transporter en chaise à l'établissement de Hontalade, où elle a pris à la source un quart de verrée d'eau sulfureuse, édulcorée avec le sirop de Tolu ; même dose le soir ;

Le second jour, une demi-verrée le matin et un quart le soir ;

Le troisième jour, demi-verrée matin et soir ;

Le cinquième jour, une verrée matin et soir, l'estomac digérant parfaitement l'eau sulfureuse.

Le huitième jour, Mme *** prend un bouillon gras le

matin et le soir ; le tantôt, un œuf à la coque, avec une cuillerée à bouche de vin de Bordeaux sucré.

La constipation est moins opiniâtre, le sommeil un peu revenu. Le sirop de quinquina est conseillé pour combattre de légers accès fébriles qui se manifestent dans l'après-midi.

La toux a diminué d'intensité et de fréquence ; les crachats sont moins abondants ; la respiration est plus facile, et les gargouillements diffus moins manifestes ; la fièvre est moins intense et de moindre durée ; l'appétit s'est un peu réveillé ; le sommeil est un peu plus calme ; les forces sont un peu revenues : la malade peut faire deux tours de chambre.

L'amélioration constatée dans la position de Mme *** paraît extraordinaire, et donne l'espoir d'une plus grande encore.

L'eau prise en boisson à la source est continuée matin et soir, à la dose d'une verrée.

Le dix-neuvième jour du traitement, Mme *** fait, en chaise à porteurs, une promenade assez longue. L'appétit permet de prendre une côtelette et un peu de vin de Bordeaux. Le sommeil est assez calme ; la transpiration revient chaque matin, mais un peu moins abondante ; les selles sont beaucoup plus faciles ; les forces reviennent et permettent, toujours en chaise à porteurs, une promenade d'une heure le matin et le soir. L'air balsamique et vivifiant des montagnes paraît exercer une heureuse influence sur les organes thoraciques de Mme ***, qui, elle-même, constate un changement notable et favorable dans son état.

Le vingt-deuxième jour du traitement, la température de l'atmosphère est très-élevée (le thermomètre accuse 26°); Mme *** se livre à sa promenade accoutumée; les porteurs la conduisent sur la route de Gèdre, et, en revenant, pour lui faire contempler un ravissant panorama, ils ont l'imprudence d'arrêter la chaise en face et près d'une de ces nombreuses cascades qui jaillissent de toutes parts sur cette route si pittoresque. Les courants d'air qui se déchaînent avec violence dans cette gorge étroite et l'humidité du lieu font de suite éprouver à Mme *** un frisson intense, suivi d'un tremblement général très-prononcé, et bientôt après céphalalgie et oppression. Une petite toux sèche et saccadée se déclare, et, arrivée à sa demeure, elle est mise au lit, où elle ne tarde pas à éprouver une chaleur excessive, suivie d'une transpiration abondante. La toux, plus humide, est suivie d'une expectoration de crachats sanguinolents. Deux points douloureux se déclarent au-dessous des seins, amenant une grande gêne dans la respiration. Des râles crépitants, à petites bulles, se font entendre très-clairement aux endroits atteints. La fièvre est intense; la respiration très-courte et très-embarrassée.

Deux larges vésicatoires sont appliqués *loco dolenti*, en même temps qu'on administre une potion stibiée, dans le but d'arrêter l'inflammation pulmonaire.

Dès le lendemain, on constate une amélioration manifeste dans les symptômes thoraciques et dans les symptômes généraux. La respiration est plus libre, la toux humide et moins fréquente, les crachats moins abondants ; les points douloureux ont disparu ; la fièvre a sensiblement diminuée ; la langue est moins sèche ; la potion stibiée, très-bien tolérée par l'estomac, a produit plusieurs selles diarrhéiques ; la faiblesse générale est extrême.

L'eau de Hontalade, qui avait due être suspendue, est reprise deux jours après la disparition des accidents.

Le traitement, suivi pendant dix jours, donne des résultats satisfaisants ; le calme est revenu et l'appétit s'est un peu réveillé. Les symptômes thoraciques se sont bien amendés ; l'amélioration est manifeste.

Malheureusement la saison est très-avancée, et la pluie qui est tombée vers le 18 septembre a sensiblement refroidi l'atmosphère de la vallée. Le vent souffle avec violence ; il s'oppose à toute tentative d'excursion. Mme'*** est obligée de quitter Saint-Sauveur pour éviter des accidents presque certains.

Le voyage de Saint-Sauveur à Paris s'est effectué avec grandes fatigues. Un repos absolu de huit jours a été nécessaire pour permettre à la malade de reprendre le calme dont elle jouissait avant son départ.

Le climat du midi a paru nécessaire à cette intéressante malade, qui s'est rendue à Menton pour y passer la saison d'hiver.

Les fatigues inhérentes à un aussi long voyage ont fatalement réagi sur cette organisation si délicate et si susceptible ; et, dès son arrivée dans les Alpes-Maritimes, l'affection pulmonaire a pris un caractère alarmant ; la fièvre s'est allumée avec intensité ; la toux s'est de nouveau déclarée opiniàtre, fréquente et suivie de crachats sanguinolents ; la respiration s'est accélérée et a déterminé de légers accès de suffocation ; perte complète de l'appétit ; soif vive.

La situation alarmante de cette jeune dame inspire les plus vives inquiétudes, et, un mois après son arrivée à Menton, elle succombait.

. .

Mme ***, atteinte de phthisie galopante, et vouée à une mort certaine et prochaine, est envoyée à Saint-Sauveur pour être soumise à l'usage de l'eau de Hontalade.

Elle n'avait éprouvé du traitement suivi à Paris qu'une amélioration relative, qui, en définitive, n'avait donné aucun espoir. Il ne reste plus pour unique salut que le traitement thermal par l'eau sulfureuse.

Le traitement est commencé avec toute la prudence nécessaire, et l'eau, au début, est bien supportée. La dose est, aussitôt que possible, portée à son maximum. Même tolérance, et presque immédiatement résultat satisfaisant.

Sous l'influence de l'eau de la source de la Fée, les symptômes de la maladie se sont amendés ; une amélioration surprenante s'est produite et a donné l'espoir d'une guérison extraordinaire, que l'eau de Hontalade seule aurait pu obtenir.

C'est donc aux propriétés curatives de cette source sulfureuse que les sommités médicales de Paris ont eu confiance, et ce n'est que là que Mme *** pouvait obtenir du soulagement.

Cette observation mérite une attention toute particulière de la part du corps médical, qui sera heureux de constater la possibilité de la cure de la phthisie par l'eau sulfatée sodique de Hontalade.

La source de Hontalade était le complément indispensable de celle de Saint-Sauveur. Bien que la composition de ces eaux soit, à peu de chose près, la même, leurs effets sont bien différents dans leurs diverses applications thérapeutiques.

Plusieurs malades, devant faire usage en boisson de l'eau de Saint-Sauveur, n'ont pas trouvé la tolérance de l'estomac, et chez eux l'eau de Hontalade a été très-bien supportée et a produit les meilleurs effets.

L'eau de Hontalade est aussi employée avec succès dans certaines affections catarrhales des voies urinaires et dans certaines diathèses rhumatismales et goutteuses.

Le cadre de ce travail s'oppose à la consignation de plusieurs observations caractéristiques ayant trait à ces manifestations morbides.

L'eau sulfatée sodique de Hontalade peut être transportée et conservée longtemps sans éprouver aucune altération sensible dans sa composition. Prise en boisson loin de sa source, elle produit les résultats les plus satisfaisants.

Le débit actuel en est considérable.

TROISIÈME PARTIE.

EAUX SULFATÉES CALCIQUES FERRUGINEUSES.

Le troisième groupe des eaux de Saint-Sauveur se compose des sources sulfatées calciques ferrugineuses, à basse température, qui jaillissent dans ses environs. Elles ne sont utilisées qu'en boisson.

Ce groupe comprend trois sources : sur la rive droite du *Gave*, la source de Saligos et celle de Tiscos ; sur la rive gauche, celle de Conches.

Leur distance de Saint-Sauveur est un obstacle à leur consommation à la source ; mais les habitants des villages vont chaque matin prendre l'eau au point d'émergence et la rapportent à la station, où elle est utilisée.

Les eaux sulfatées calciques ferrugineuses de Saligos, Viscos et Conches tiennent en dissolution un sel de fer que les chimistes ont reconnu pour être le crenate de fer. Elles sont claires, limpides, transparentes et d'une saveur légèrement styptique astringente.

Ces eaux sont un précieux adjuvant, dans certaines affections qui reçonnaissent pour cause un affaiblissement général, à la suite de convalescence de maladies graves, d'anémie, de chloro-anémie, de leucorrhée, etc.

Le mode d'administration le plus facile, le plus

agréable et le plus efficace est en mélange avec le vin pris aux repas.

Le transport n'a aucune influence fâcheuse sur leurs effets thérapeutiques. Il est nécessaire, pour leur parfaite conservation, qu'elles soient embouteillées avec le plus grand soin et bouchées hermétiquement, pour éviter toute décomposition.)

Ces eaux sont un complément utile du traitement thermal sulfureux, qui, dans ces conditions, est beaucoup plus efficace.

FIN.

TABLE DES MATIÈRES.

PREMIÈRE PARTIE.

	Pages.
Chapitre Ier. — Saint-Sauveur.	1
Chapitre II. — Origine de Saint-Sauveur.	15
Chapitre III. — Etablissement thermal de Saint-Sauveur.	23
Chapitre IV. — Climatologie.	37
Chapitre V. — Mode d'emploi de l'eau sulfureuse de Saint-Sauveur.	61
Chapitre VI. — Eaux thermales sulfureuses.	77

—

DEUXIÈME PARTIE.

Eau sulfatée sodique iodée de Hontalade.	123

—

TROISIÈME PARTIE.

Eaux sulfatées calciques ferrugineuses de Saligos, Viscos et Conches.	162

Poitiers, — Imp. A. Dupré.

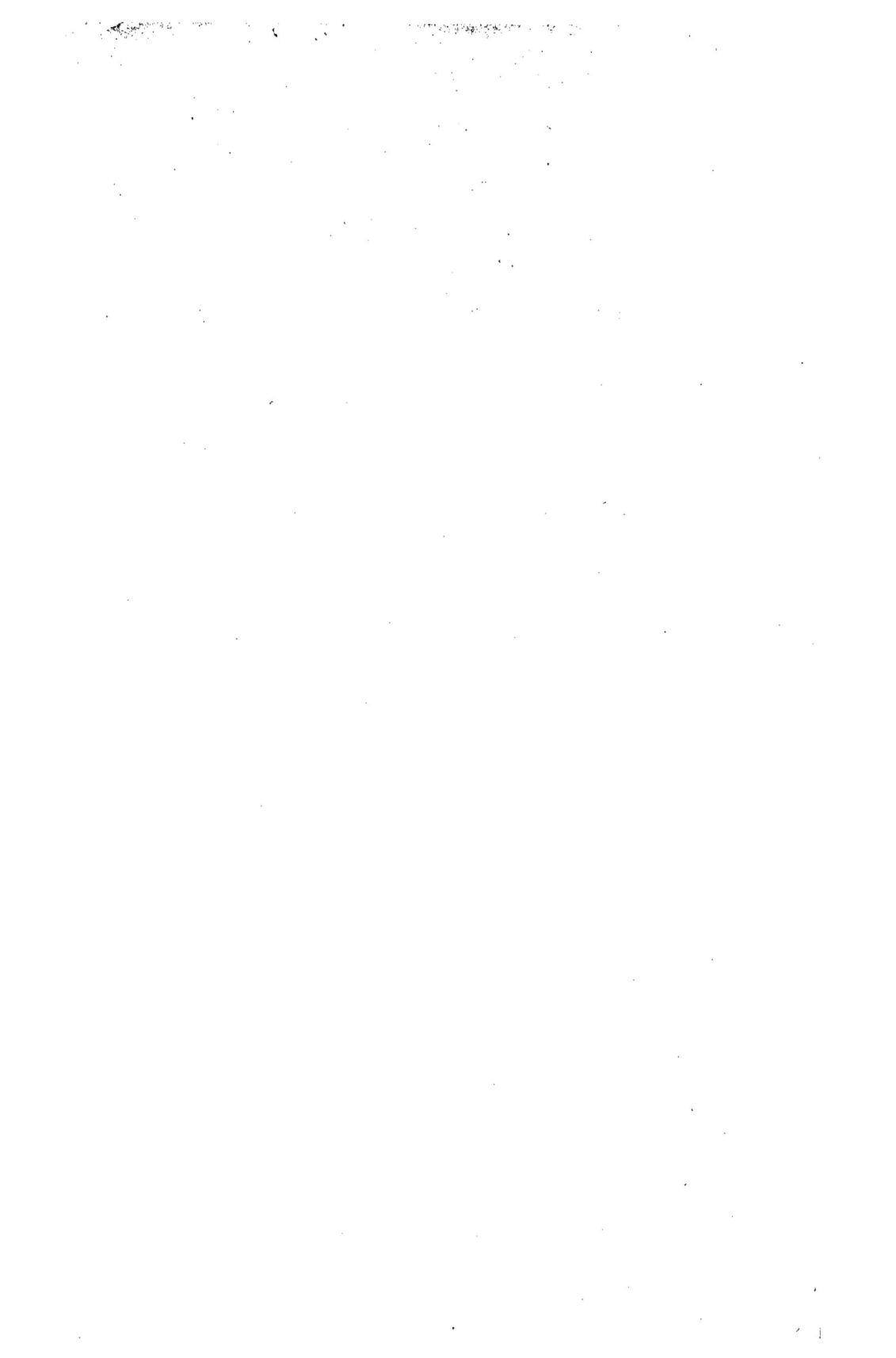

EXTRAIT

DU CATALOGUE DE LA LIBRAIRIE J.-M. DUFOUR
(TARBES).

Les Pyrénées illustrées, texte par Frédéric SOUTRAS, 30 dessins hors texte, par Maxime LALANNE, imprimées sur une seule colonne, grand in-folio relié, doré sur tranche et plaques sur plat. . . . . . . 30 fr.
Broché. 20
Les plus beaux sites des Pyrénées,
Album de 40 vues, dessinés par LALANNE. . 30
Album des costumes des Pyrénées, composé de 40 planches coloriées, dessinées d'après nature, par PINGRET. 40
Guide aux Pyrénées, édition annuelle et de poche, avec une carte indicative, par J.-A. LESCAMELA. 1
Carte des Hautes-Pyrénées, dressée par les ordres du Préfet MUSSY, colée sur toile, reliée. 5
Album de 12 costumes des Pyrénées, par LAGARIGUE. 15

LITTÉRATURE, LIBRAIRIE RELIGIEUSE, SCIENTIFIQUE, MORALE CLASSIQUE, ETC., COMMISSION.

PHOTOGRAPHIES, ARTICLES DES PYRÉNÉES.

MAGASINS :

A Saint-Sauveur, maison FABAS ;
A Cauterets, hôtel Richelieu, rue de la Raillère ;
A Baréges, maison LACRAMPE.

POITIERS. — TYP. A. DUPRÉ.

www.ingramcontent.com/pod-product-compliance
Lightning Source LLC
Chambersburg PA
CBHW050111210326
41519CB00015BA/3924